ART 国家示范性高等职业院校
艺术设计专业精品教材

高职高专艺术设计类"十二五"规划教材

人物形象设计
——绘画篇

RENWU

XINGXIANG SHEJI

HUIHUA PIAN

主　编　张　婷　沈晶照
副主编　赵慧梅　范继仲　王　琳
　　　　罗　铭　吴蓓蓓
参　编　崔贞琼　吴新华　白敬艳
　　　　董　雪　熊雯婧　安婷婷

华中科技大学出版社
http://www.hustp.com
中国·武汉

内 容 简 介

本书包括四章内容：人物形象设计概述、人体解剖、色彩在人物形象设计中的应用、人物形象设计表现技法。本书由人体解剖、色彩、表现技法三大块基础知识组成，可应用在化妆、发型、服饰、美甲等人物形象设计各个方面。

本书可作为相关专业学生的专业教材，也可以作为指导大众设计人物形象的参考书。

图书在版编目（CIP）数据

人物形象设计——绘画篇 / 张婷　沈晶照　主编. — 武汉：华中科技大学出版社, 2013.12（2024.8重印）
ISBN 978-7-5609-9542-7

Ⅰ.①人…　Ⅱ.①张…　②沈…　Ⅲ.①人物形象－设计－高等职业教育－教材　②绘画技法－高等职业教育－教材　Ⅳ.①B834.3　②J21

中国版本图书馆 CIP 数据核字(2013)第 299901 号

人物形象设计——绘画篇　　　　　　　　　　　　　　　张婷　沈晶照　主编

策划编辑：曾　光　彭中军
责任编辑：华竞芳
封面设计：龙文装帧
责任校对：朱　霞
责任监印：张正林
出版发行：华中科技大学出版社(中国·武汉)　　电话:(027)81321913
　　　　　武汉市东湖新技术开发区华工科技园　　邮编:430223
录　　排：龙文装帧
印　　刷：广东虎彩云印刷有限公司
开　　本：880 mm × 1230 mm　1/16
印　　张：4.5
字　　数：144 千字
版　　次：2024 年 8 月第 1 版第 3 次印刷
定　　价：29.00 元

国家示范性高等职业院校艺术设计专业精品教材
高职高专艺术设计类"十二五"规划教材
基于高职高专艺术设计传媒大类课程教学与教材开发的研究成果实践教材

编审委员会名单

■ **顾　问** （排名不分先后）

王国川　教育部高职高专教指委协联办主任
陈文龙　教育部高等学校高职高专艺术设计类专业教学指导委员会副主任委员
彭　亮　教育部高等学校高职高专艺术设计类专业教学指导委员会副主任委员
夏万爽　教育部高等学校高职高专艺术设计类专业教学指导委员会委员
陈　希　全国行业职业教育教学指导委员会民族技艺职业教育教学指导委员会委员
陈　新　全国行业职业教育教学指导委员会民族技艺职业教育教学指导委员会委员

■ **总　序**

姜大源　教育部职业技术教育中心研究所学术委员会秘书长
　　　　《中国职业技术教育》杂志主编
　　　　中国职业技术教育学会理事、教学工作委员会副主任、职教课程理论与开发研究会主任

■ **编审委员会** （排名不分先后）

万良保	吴　帆	黄立元	陈艳麒	许兴国	肖新华	杨志红	李胜林	裴　兵	张　程	吴　琰
葛玉珍	任雪玲	黄　达	殷　辛	廖运升	王　茜	廖婉华	张容容	张霞甫	薛保华	余裁平
陈锦忠	张晓红	马金萍	乔艺峰	丁春娟	蒋尚文	龙　英	吴玉红	岳金莲	瞿思思	肖楚才
刘小艳	郝灵生	郑伟方	李翠玉	覃京燕	朱圳基	石晓岚	赵　璐	洪易娜	李　华	杨艳芳
李　璇	郑蓉蓉	梁　茜	邱　萌	李茂虎	潘春利	张歆旎	黄　亮	翁蕾蕾	刘雪花	朱岱力
熊　莎	欧阳丹	钱丹丹	高倬君	姜金泽	徐　斌	王兆熊	鲁　娟	余思慧	袁丽萍	盛国森
林　蛟	黄兵桥	肖友民	曾易平	白光泽	郭新宇	刘素平	李　征	许　磊	万晓梅	侯利阳
王　宏	秦红兰	胡　信	王唯茵	唐晓辉	刘媛媛	马丽芳	张远珑	李松励	金秋月	冯越峰
李琳琳	董　雪	王双科	潘　静	张成子	张丹丹	李　琰	胡成明	黄海宏	郑灵燕	杨　平
陈杨飞	王汝恒	李锦林	矫荣波	邓学峰	吴天中	邵爱民	王　慧	余　辉	杜　伟	王　佳
税明丽	陈　超	吴金柱	陈崇刚	杨　超	李　楠	陈春花	罗时武	武建林	刘　晔	陈旭彤
乔　璐	管学理	权凌枫	张　勇	冷先平	任康丽	严昶新	孙晓明	戚　彬	许增健	余学伟
陈绪春	姚　鹏	王翠萍	李　琳	刘　君	孙建军	孟祥云	徐　勤	李　兰	桂元龙	江敬艳
刘兴邦	陈峥强	朱　琴	王海燕	熊　勇	孙秀春	姚志奇	袁　铀	杨淑珍	李迎丹	黄　彦
谢　岚	肖机灵	韩云霞	刘　卷	刘　洪	董　萍	赵家富	常丽群	刘永福	姜淑媛	郑　楠
张春燕	史树秋	陈　杰	牛晓鹏	谷　莉	刘金刚	汲晓辉	刘利志	高　昕	刘　璞	杨晓飞
高　卿	陈志勤	江广城	钱明学	于　娜	杨清虎	徐　琳	彭华容	何雄飞	刘　娜	于兴财
胡　勇	汪　帆	颜文明								

国家示范性高等职业院校艺术设计专业精品教材
高职高专艺术设计类"十二五"规划教材
基于高职高专艺术设计传媒大类课程教学与教材开发的研究成果实践教材

组编院校(排名不分先后)

广州番禺职业技术学院	湖南大众传媒职业技术学院	天津轻工职业技术学院
深圳职业技术学院	黄冈职业技术学院	重庆城市管理职业学院
天津职业大学	无锡商业职业技术学院	顺德职业技术学院
广西机电职业技术学院	南宁职业技术学院	武汉职业技术学院
常州轻工职业技术学院	广西建设职业技术学院	黑龙江建筑职业技术学院
邢台职业技术学院	江汉艺术职业学院	乌鲁木齐职业大学
长江职业学院	淄博职业学院	黑龙江省艺术设计协会
上海工艺美术职业学院	温州职业技术学院	冀中职业学院
山东科技职业学院	邯郸职业技术学院	湖南中医药大学
随州职业技术学院	湖南女子学院	广西大学农学院
大连艺术职业学院	广东文艺职业学院	山东理工大学
潍坊职业学院	宁波职业技术学院	湖北工业大学
广州城市职业学院	潮汕职业技术学院	重庆三峡学院美术学院
武汉商业服务学院	四川建筑职业技术学院	湖北经济学院
甘肃林业职业技术学院	海口经济学院	内蒙古农业大学
湖南科技职业学院	威海职业学院	重庆工商大学设计艺术学院
鄂州职业大学	襄阳职业技术学院	石家庄学院
武汉交通职业学院	武汉工业职业技术学院	河北科技大学理工学院
石家庄东方美术职业学院	南通纺织职业技术学院	江南大学
漳州职业技术学院	四川国际标榜职业学院	北京科技大学
广东岭南职业技术学院	陕西服装艺术职业学院	湖北文理学院
石家庄科技工程职业学院	湖北生态工程职业技术学院	南阳理工学院
湖北生物科技职业学院	重庆工商职业学院	广西职业技术学院
重庆航天职业技术学院	重庆工贸职业技术学院	三峡电力职业学院
江苏信息职业技术学院	宁夏职业技术学院	唐山学院
湖南工业职业技术学院	无锡工艺职业技术学院	苏州经贸职业技术学院
无锡南洋职业技术学院	云南经济管理职业学院	唐山工业职业技术学院
武汉软件工程职业学院	内蒙古商贸职业学院	广东纺织职业技术学院
湖南民族职业学院	湖北工业职业技术学院	昆明冶金高等专科学校
湖南环境生物职业技术学院	青岛职业技术学院	江西财经大学
长春职业技术学院	湖北交通职业技术学院	天津财经大学珠江学院
石家庄职业技术学院	绵阳职业技术学院	广东科技贸易职业学院
河北工业职业技术学院	湖北职业技术学院	武汉科技大学城市学院
广东建设职业技术学院	浙江同济科技职业学院	广东轻工职业技术学院
辽宁经济职业技术学院	沈阳市于洪区职业教育中心	辽宁装备制造职业技术学院
武昌理工学院	安徽现代信息工程职业学院	湖北城市建设职业技术学院
武汉城市职业学院	武汉民政职业学院	黑龙江林业职业技术学院
武汉船舶职业技术学院	湖北轻工职业技术学院	四川天一学院
四川长江职业学院	四川传媒学院	

总序 ZONGXU

世界职业教育发展的经验和我国职业教育发展的历程都表明，职业教育是提高国家核心竞争力的要素。职业教育的这一重要作用，主要体现在两个方面。其一，职业教育承载着满足社会需求的重任，是培养为社会直接创造价值的高素质劳动者和专门人才的教育。职业教育既是经济发展的需要，又是促进就业的需要。其二，职业教育还承载着满足个性发展需求的重任，是促进青少年成才的教育。因此，职业教育既是保证教育公平的需要，又是教育协调发展的需要。

这意味着，职业教育不仅有着自己的特定目标——满足社会经济发展的人才需求，以及与之相关的就业需求，而且有着自己的特殊规律——促进不同智力群体的个性发展，以及与之相关的智力开发。

长期以来，由于我们对职业教育作为一种类型教育的规律缺乏深刻的认识，加之学校职业教育又占据绝对主体地位，因此职业教育与经济、与企业联系不紧，导致职业教育的办学未能冲破"供给驱动"的束缚；由于与职业实践结合不紧密，职业教育的教学也未能跳出学科体系的框架，所培养的职业人才，其职业技能的"专"、"深"不够，工作能力不强，与行业、企业的实际需求及我国经济发展的需要相距甚远。实际上，这也不利于个人通过职业这个载体实现自身所应有的职业生涯的发展。

因此，要遵循职业教育的规律，强调校企合作、工学结合，"在做中学"，"在学中做"，就必须进行教学改革。职业教育教学应遵循"行动导向"的教学原则，强调"为了行动而学习"、"通过行动来学习"和"行动就是学习"的教育理念，让学生在由实践情境构成的、以过程逻辑为中心的行动体系中获取过程性知识，去解决"怎么做"(经验)和"怎么做更好"(策略)的问题，而不是在由专业学科构成的、以架构逻辑为中心的学科体系中去追求陈述性知识，只解决"是什么"(事实、概念等)和"为什么"(原理、规律等)的问题。由此，作为教学改革核心的课程，就成为职业教育教学改革成功与否的关键。

当前，在学习和借鉴国内外职业教育课程改革成功经验的基础上，工作过程导向的课程开发思想已逐渐为职业教育战线所认同。所谓工作过程，是"在企业里为完成一项工作任务并获得工作成果而进行的一个完整的工作程序"，是一个综合的、时刻处于运动状态但结构相对固定的系统。与之相关的工作过程知识，是情境化的职业经验知识与普适化的系统科学知识的交集，它"不是关于单个事务和重复性质工作的知识，而是在企业内部关系中将不同的子工作予以连接的知识"。以工作过程逻辑展开的课程开发，其内容编排以典型职业工作任务及实际的职业工作过程为参照系，按照完整行动所特有的"资讯、决策、计划、实施、检查、评价"结构，实现学科体系的解构与行动体系的重构，实现于变化的、具体的工作过程之中获取不变的思维过程和完整性的工作训练，实现实体性技术、规范性技术通过过程性技术的物化。

近年来，教育部在高等职业教育领域组织了我国职业教育史上最大的职业教育师资培训项目——中德职教师资培训项目和国家级骨干师资培训项目。这些骨干教师通过学习、了解，接受先进的教学理念和教学模式，结合中国的国情，开发了更适合中国国情、更具有中国特色的职业教育课程模式。

华中科技大学出版社结合我国正在探索的职业教育课程改革，邀请我国职业教育领域的专家、企业技术专家和企业人力资源专家，特别是国家示范院校、接受过中德职教师资培训或国家级骨干师资培训的高职院校的骨干教师，为支持、推动这一课程开发应用于教学实践，进行了有意义的探索——相关教材的编写。

华中科技大学出版社的这一探索，有两个特点。

第一，课程设置针对专业所对应的职业领域，邀请相关企业的技术骨干、人力资源管理者及行业著名专家和院校骨干教师，通过访谈、问卷和研讨，提出职业工作岗位对技能型人才在技能、知识和素质方面的要求，结合目前中国高职教育的现状，共同分析、讨论课程设置存在的问题，通过科学合理地调整、增删，确定课程门类及其教学内容。

第二，教学模式针对高职教育对象的特点，积极探讨提高教学质量的有效途径，根据工作过程导向课程开发的实践，引入能够激发学习兴趣、贴近职业实践的工作任务，将项目教学作为提高教学质量、培养学生能力的主要教学方法，把适度够用的理论知识按照工作过程来梳理、编排，以促进符合职业教育规律的、新的教学模式的建立。

在此基础上，华中科技大学出版社组织出版了这套规划教材。我始终欣喜地关注着这套教材的规划、组织和编写。华中科技大学出版社敢于探索、积极创新的精神，应该大力提倡。我很乐意将这套教材介绍给读者，衷心希望这套教材能在相关课程的教学中发挥积极作用，并得到读者的青睐。我也相信，这套教材在使用的过程中，能通过教学实践的检验和实际问题的解决不断得到改进、完善和提高。我希望，华中科技大学出版社能继续发扬探索、研究的作风，在建立具有中国特色的高等职业教育的课程体系的改革之中，做出更大的贡献。

是为序。

教育部职业技术教育中心研究所

学术委员会秘书长

《中国职业技术教育》杂志主编

中国职业技术教育学会理事、

教学工作委员会副主任、

职教课程理论与开发研究会主任

姜大源 研究员 教授

2010 年 6 月 6 日

形象即社会公众对个体的整体印象和评价。形象是人的内在素质和外形表现的综合反映。"形象"一词，起源于 1950 年的美国。当时美国社会的各阶层，十分看重自身的信誉，特别是工商企业界及政界人士纷纷有计划地塑造良好的个人形象。

"人物形象设计"这一概念源自舞台美术，当时被时装表演界人士使用，用于时装表演前为模特设计发型、化妆、服饰的整体组合，随之发展成为特定消费者所提供的此类性质的服务。人物形象设计不但具备市场需求，而且化妆美容用品及服饰厂商也借用它作为促销的一种手段，因此，在国际上发展迅速。

随着社会的发展、人们生活水平的提高，人物形象设计已经成为与商业紧密结合的产业，即以人为本，以满足人的个性为目的，对人的思想和行为进行深入的研究。据资料统计，自 20 世纪 80 年代末以来，我国也出现了不少从事人物形象设计工作的人员。他们一般是从美容、美发、化妆、服饰设计等职业中分流出来的。这些设计者逐渐从业余到专业，从擅长一门（或化妆、或美发、或服装、或饰品）到注重整体，取得了巨大的进步，也得到了社会广大消费者的认同。中国的形象设计业和国外的相比起步较晚，随着人们对美的认识和需求不断增强，国内市场需求也将越来越大，人物形象设计职业也会越来越热门。

《人物形象设计——绘画篇》由人体解剖、色彩、表现技法三大块基础知识组成。这些知识可应用在化妆、发型、服饰、美甲等人物形象设计的各个方面。

专业人物形象设计师必须系统地学习与人物形象相关的各种基础理论知识，同时努力拓展知识领域，培养自身的审美能力，丰富自身的艺术创造能力，在学习中大量欣赏和浏览艺术作品，增强艺术鉴赏能力。此外，还需要经常观察生活，培养观察能力和敏锐的洞察力。除了具备以上的能力外，更重要的是专业技能。要具有较高的设计造型能力，在设计中追求一种较高的境界，通过专业捕捉力展现出被设计者最自然、最美的一面。要达到这一境界，非一日之功，必须扎扎实实学好人物形象设计中每一门专业知识，而专业绘画是一切设计基础的基础。

学习本教材的最终目的是要将设计师的设计思想通过绘画手段展现出来。学习过程中必须经过严格的训练，使眼睛的观察力、大脑的设计能力与手的操作能力有机结合起来，通过眼、脑、手和谐配合，将自己的设计思想表现出来，最终完成设计。

目录
MULU

第1章　人物形象设计概述 ……………………………………………………… (1)

　　1.1　人物形象设计的概念 …………………………………………………… (2)

　　1.2　人物形象设计的基本要素 ……………………………………………… (2)

　　1.3　人体艺术造型 …………………………………………………………… (4)

第2章　人体解剖 ………………………………………………………………… (5)

　　2.1　人体比例 ………………………………………………………………… (6)

　　2.2　人体的基本结构 ………………………………………………………… (11)

　　2.3　头部 ……………………………………………………………………… (19)

　　2.4　躯干 ……………………………………………………………………… (29)

　　2.5　上肢 ……………………………………………………………………… (37)

　　2.6　下肢 ……………………………………………………………………… (42)

第3章　色彩在人物形象设计中的应用 ………………………………………… (45)

　　3.1　同类色配色 ……………………………………………………………… (46)

　　3.2　邻近色配色 ……………………………………………………………… (48)

　　3.3　对比色配色 ……………………………………………………………… (49)

第4章　人物形象设计表现技法 ………………………………………………… (51)

　　4.1　薄画法 …………………………………………………………………… (52)

　　4.2　厚画法 …………………………………………………………………… (56)

　　4.3　其他画法 ………………………………………………………………… (59)

第 1 章
人物形象设计概述 ··················

RENWU
RXINGXIANG
SHEJI HUIHUAPIAN ◀ ◀ ◀ ◀

1.1

人物形象设计的概念 ◀◀◀

　　人们自古以来就重视自身的形象。早在旧石器时代，山顶洞人就懂得把石块、贝壳和动物的骨头等打磨雕刻成饰物佩戴。女扮男装的花木兰从战场上战胜归来后，"当窗理云鬓，对镜贴花黄"，装扮自己的女儿身。孔子曰："质胜文则野，文胜质则史。文质彬彬，然后君子。"古今中外，人们追求美的脚步从没有停止过。直至今天，人物形象设计已成为社会生活的内容之一，形象的魅力和价值更是前所未有地凸显出来。依托展示自我、突出个性的人物形象理念，人们不再热衷于模仿和追逐潮流，而开始针对自己的特点采用最符合自身个性的造型方式。人们通过服饰、化妆、佩戴饰品等方式来修饰自己。

　　人物形象设计属于多种设计的融合艺术，包括发型设计、化妆设计、服装设计、服饰设计等。它将造型、轮廓、质地及风格等局部的因素统一于整体设计之中，发挥出设计的最大魅力。成功的人物形象设计因人而异体现出个性的特征，突出个性的同时顾及整体设计的和谐统一，在设计中充分发挥被设计者自身优点，修饰和掩盖其不足之处，扬长避短，拟订出发挥优点、弥补缺点的方案。

　　在人物形象设计者的一套教学程序中，绘画训练应该说对设计事业起到一定的基础作用。每个形象设计工作者面对的被设计者的经历不同、好恶各异，需要根据被设计者的喜好进行定制，去创造多种多样、丰富多彩的形象作品。

1.2

人物形象设计的基本要素 ◀◀◀

1.2.1 形态　　　　　　　　　　　　　　　　　　　　　　　　ONE

　　形态是形象的最基本要素，能够丰富形象的外观。形态包括点、线、面和体。它们的不同组合和排列表现出千变万化的形象形态。

　　人物形象设计中的点通常指外观看起来比较小的东西，如服饰上的纽扣、图案、口袋及佩戴的饰品（如胸针、发卡、围巾、首饰等）。一个点常常是整体形象的画龙点睛之处，因此，穿着正装的男士通常会注重领带的搭配。

人物形象设计中的线的排列和方向的变换给人以视觉上的不同的效果。竖线条显得长，给人以修长感；横线条显得宽，增强了宽松感；曲线富于变化，显得轻柔、优雅。因而在形象设计中应充分利用线条的特性发挥其特点，扬长避短。

人物形象平面化可以看做一个面，面的不同分割与整体比例协调给人以美的感受。服装的外轮廓有不同的比例关系，如左右异形可产生活泼飘逸的效果，上下对称可产生整齐划一的效果。善于利用合适的比例，做到"显美掩拙"。

人物形象设计中"体"的意义在于从整体着眼。人物形象设计的过程是先局部后整体，先平面后立体，塑造完美形象。

不同的形态给人以不同的视觉效果，单一使用任何一种形态都会使人感觉单调。合理运用这些形态，恰当搭配，则可以塑造出千变万化、独具特色的美丽形象。

1.2.2　色彩　　　　　　　　　　　　　　　　　　　　　　　　　　　　　　　TWO

人物形象设计中色彩的意义在于通过某种色彩组合的视觉感受使人产生一种心理的联系与共鸣。作为一名人物形象设计师要尽可能地发掘全新的设计理念，以促进相关领域设计的发展。这一要求意味着设计师需要探索色彩领域中所有可能存在的色彩组合。色彩可分为四类。

（一）三原色

三原色是不能用其他颜色混合出来的纯度最高、最鲜艳的颜色。三原色可分为色光三原色和色料三原色两种。这里重点学习色料三原色。色料三原色分别为品红、柠檬黄、湖蓝。注意，除白色之外，其他颜色都可用这三种原色调配出来。

（二）间色

由两个原色混合，可以得到一个新的颜色即间色。色料三原色能混合成的只有三种间色：品红＋柠檬黄＝橙色；品红＋湖蓝＝紫色；柠檬黄＋湖蓝＝绿色。不过，两种原色混合的分量不同，会产生很多不同色彩倾向的间色，如红橙色、红紫色、黄橙色等。

（三）复色

复色是用任何两个间色或三个原色相混合而产生出来的颜色。复色变化最丰富，在色彩对比中起着很重要的调整作用。

（四）补色

两种色光以适应的比例混合而使人产生白色的感觉时，这两种色光的颜色就是所谓的补色，也称余色。在伊顿色相环中，互补色处于对角线位置。如红色与绿色、黄色与紫色、蓝色与橙色等。在伊顿色相环中的距离越远，对比越强烈。补色并列时相互排斥、对比强烈、视觉冲击力强。如果把补色的这些特点运用得恰到好处，画面整体效果会更加生动，更能体现设计者的理念，否则反之。

1.2.3　肌理　　　　　　　　　　　　　　　　　　　　　　　　　　　　　　THREE

肌理可泛指物表的纹理和材料的质地。由于材料本身结构、组合的形式性质都不同，肌理呈现出不同的纹理、质地和质感，从而呈现出不同的形象。材质的种类多种多样，人物形象设计中的材质主要指毛发、皮肤、服装和配饰等肌理特征及造型方法。毛发包括头发、眉毛、睫毛、胡子，其中头发在人的整体形象中有着尤为重要的地位。一个人的发型能全面地展现出这个人的审美及修养。服装、饰品的搭配更是变化各异，充分反映出一个人的社会地位、文化背景、年龄阶段、性格特点、生活品位等。在人物形象设计中材料的合理使用是最直观也是比重最大的个性表现手法之一。

1.3

人体艺术造型 <<<

　　人物形象设计的基础是造型。人体艺术造型是人物形象设计教学中的必修课。学习人体造型忌讳只着眼于细节和明暗的刻画或偏重于解剖术语和名称的背诵，学习人体造型需要着眼于人体结构和运动规律的探讨和记忆。在深入研究人体各种造型规律之前，必须要搞清楚解剖、形体与结构的基本概念，以及它们的相互关系，这样才能把想象中的人物形象在创作中随心所欲地勾勒出来。

　　解剖是以人体骨骼和肌肉作为对象，研究人体外部形态和结构、人体运动和姿态基本规律的依据和基础。

　　形体是反映人体形态特征和各个组成部分结构比例的标志。为了达到记忆、理解和塑造的目的，可把其简化为不同类型的几何形体。

　　结构是构造与结合，即物体在分离状态时的构造和在并存状态时的结合或结合方式。

　　在人物形象设计中强调对形体的研究，为了能抓住人体形象方面的规律性要对结构解剖进行研究。没有解剖基础的形体，其造型显得空虚、不扎实。形体又是结构链条中不可缺少的环节。在人物设计作品中结构是根本。解剖、结构、形体三者是一个问题的三个方面，它们互相补充、互为因果、互相渗透。

　　从人物形象设计造型的观点来考察，形体、结构是在解剖的基础上派生出来的，但在人物形象设计上，形体、结构却起着主导作用。

第 2 章
人体解剖

RENWU
XINGXIANG
SHEJI
HUIHUAPIAN ◀ ◀ ◀ ◀

◀ ◀ ◀ ◀ ◀

2.1

人 体 比 例 ⟨⟨⟨⟨

人体比例的测量方法：通常以人的某一部位（人的头长）为计量单位，来测量全身各个部位的长度、宽度和厚度，得出各部分的比例关系。测量面部通常以眼、鼻等为计量单位。人体比例概括为：7 脚、8 头、9 手、10 面。

2.1.1　艺术型人体比例 　　　　　　　　　　　ONE

　　绘画大师达·芬奇为我们精心绘制了一幅古罗马建筑师维脱鲁维式的人体比例图。人体比例的标准形态是将人的身躯与肢体放在外周方圆辅助线中，双臂和两腿分开，人体恰好镶嵌在正方形和圆形之中，以此方式表达人体的精确比例。达·芬奇把人体确定为 8 个头长，如图 2-1 所示。

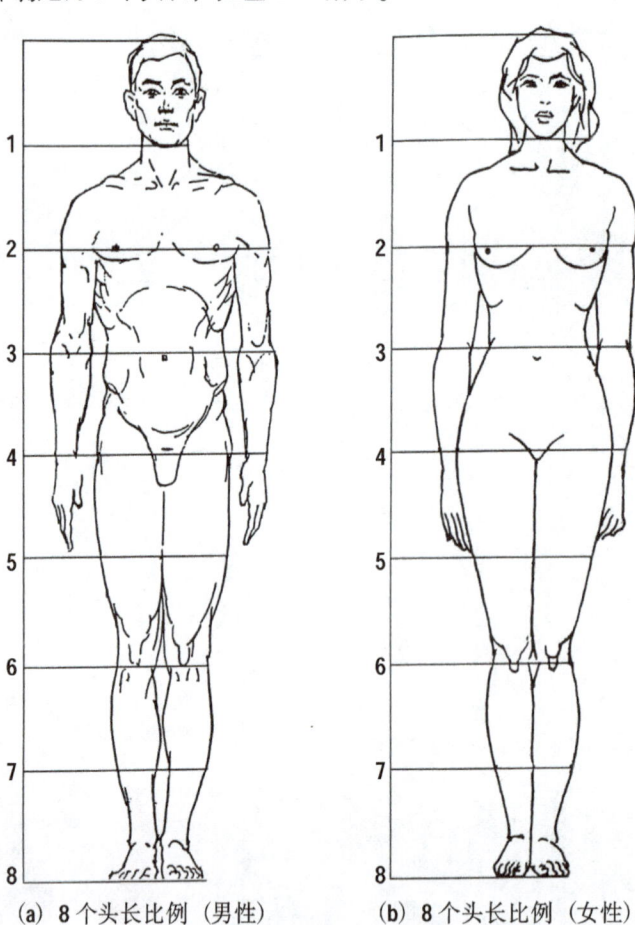

(a) 8 个头长比例（男性）　　　　(b) 8 个头长比例（女性）

图 2-1　艺术型人体比例

　　现实中，人体比例一般是 7~7.5 个头长，为了在视觉上突出人体高大的感觉，现代艺术表现都会增加比例系数，8 个头长作为艺术创作的基本比例，如图 2-2 所示。在 8 个头长的艺术型比例中，肩宽为 2 个头长，臂为 1 个头长，两臂伸直其长为全身长，耻骨在人体的 1/2 处，下颌至乳头为 1 个头长，乳头至耻骨为 2 个头长，耻骨至膝下为 2 个头长，膝下至足底为 2 个头长。

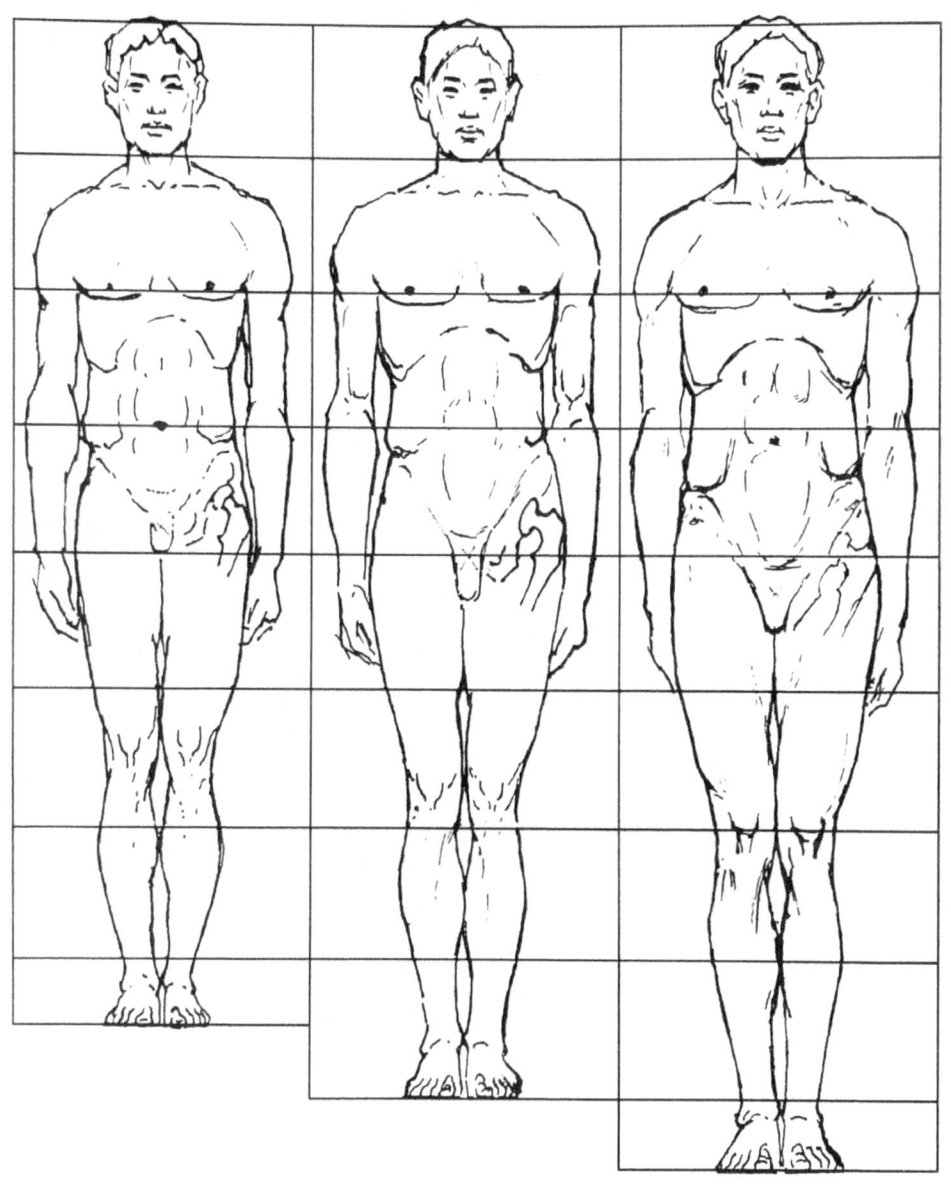

　　（a）现实型比例（7.5 个头长）　　（b）艺术型比例（8 个头长）　　（c）理想型比例（8.5 个头长）

图 2-2　人体比例

　　公元前 4 世纪 50 年代，希腊一位雕刻家留西波斯认为 8 个头身长比例是最美的。他雕刻的《刮汗污的运动员》（见图 2-3）即为 8 个头身长比例。这一比例影响了古罗马、文艺复兴时期的人体比例。

2.1.2 现实型人体比例 TWO

　　人体的比例由于人类的年龄、性别、种族的不同，而存在着很大的差异。人体的长度一般为 7~7.5 个头长。人体 7.5 个头长比例如图 2-4、图 2-5 所示。下颌至乳头等同 1 个头长；乳头至脐孔等同 1 个头长；脐孔至大转子等同 1 个头长；大转子至足底等同于 3.5 个头长。肩宽等同 2 个头长；两乳头之间等同 1 个头长；腰宽约 1 个头长；上臂等同 4/3 个头长；前臂等同 1 个头长；手等同 2/3 个头长；手臂 = 上臂 + 前臂 + 手，等同 3 个头长。

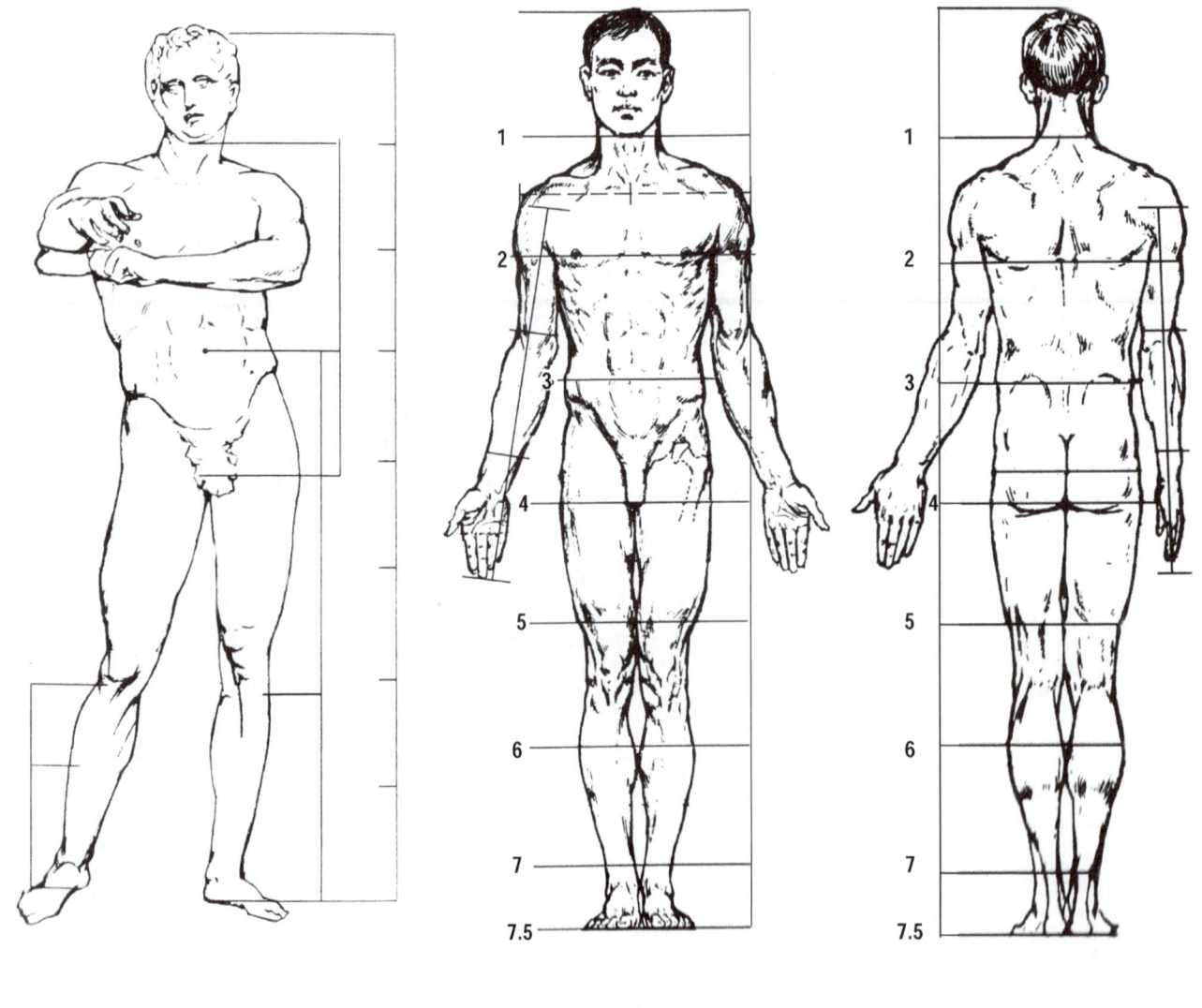

<table>
<tr><td>图 2-3 [古希腊]留西波斯
《刮汗污的运动员》</td><td>图 2-4　7.5 个头长的
人体比例（前面）</td><td>图 2-5　7.5 个头长的
人体比例（后面）</td></tr>
</table>

　　如图 2-6 所示，男、女人体由于长宽比例上的不同，形成了各自比例上的特点。其差别主要体现在躯干部分：男性的特点是肩宽，两肩的连线长于大转子的连线；女性的特点是大转子的连线长于两肩的连线。男性一般较女性略高，如果图中有年轻男女对比，女人要画得比男人矮半个头。因为男性下肢通常较女性长一些，所以比例关系与女性要略有区别。

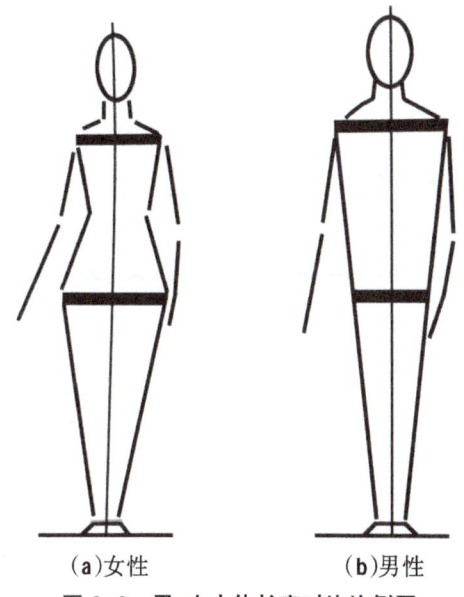

(a)女性　　　　　　(b)男性

图2-6　男、女人体长宽对比比例图

2.1.3　不同年龄的人体比例和动态比例　　　　　THREE

　　人体的比例随着年龄的变化也在变化，如图2-7所示。在艺术创作中，各种人物形态组合不同，我们可以按图2-7这个比例表现出不同年龄的人物的不同高度。注意：因年龄的不同，全身以头长为单位测量时，不同年龄相对应的单位头长也不同（见图2-8）。

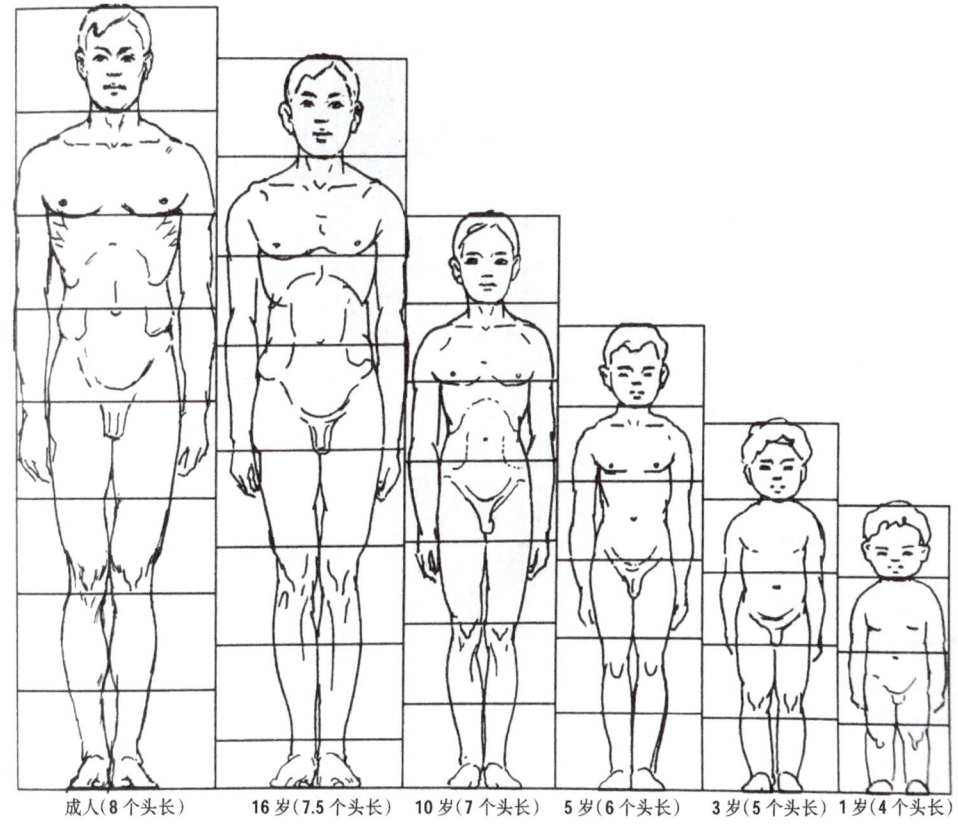

成人（8个头长）　16岁（7.5个头长）　10岁（7个头长）　5岁（6个头长）　3岁（5个头长）　1岁（4个头长）

图2-7　不同年龄的人体比例

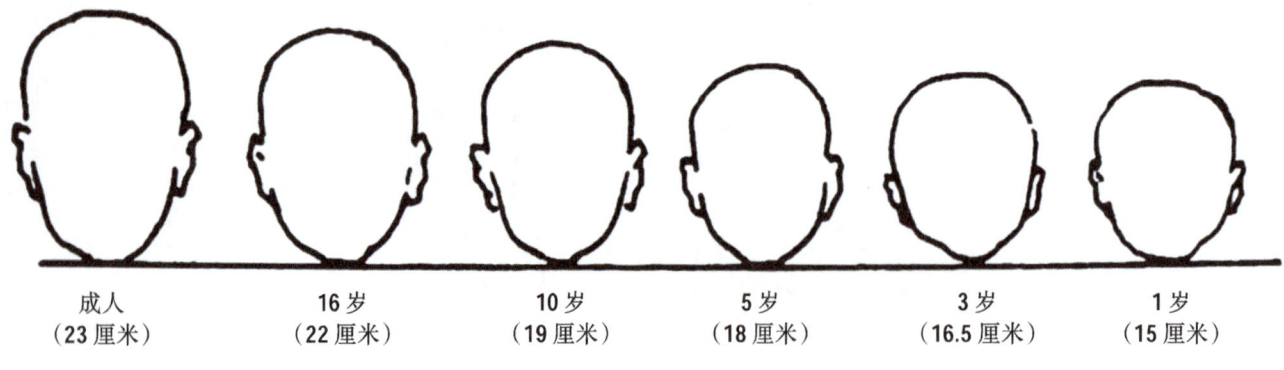

| 成人
（23厘米） | 16岁
（22厘米） | 10岁
（19厘米） | 5岁
（18厘米） | 3岁
（16.5厘米） | 1岁
（15厘米） |

图 2-8 "年龄 - 头长"对应图

2.1.4 蹲坐比例 FOUR

中国传统画论中有"立七、坐五、盘三半"之说。

蹲坐比例分别如图 2-9、图 2-10 所示。

图 2-9 三数为蹲（或盘膝）

图 2-10 五数为坐

人体的基本结构

2.2

人体是一个由骨与肌组成的复杂有机体。如图 2-11 所示，人体分为几个大的形休部位，形体间的凹陷为各部位的划分界限。各组成部分之间相互有着紧密的联系，并组成一个整体。

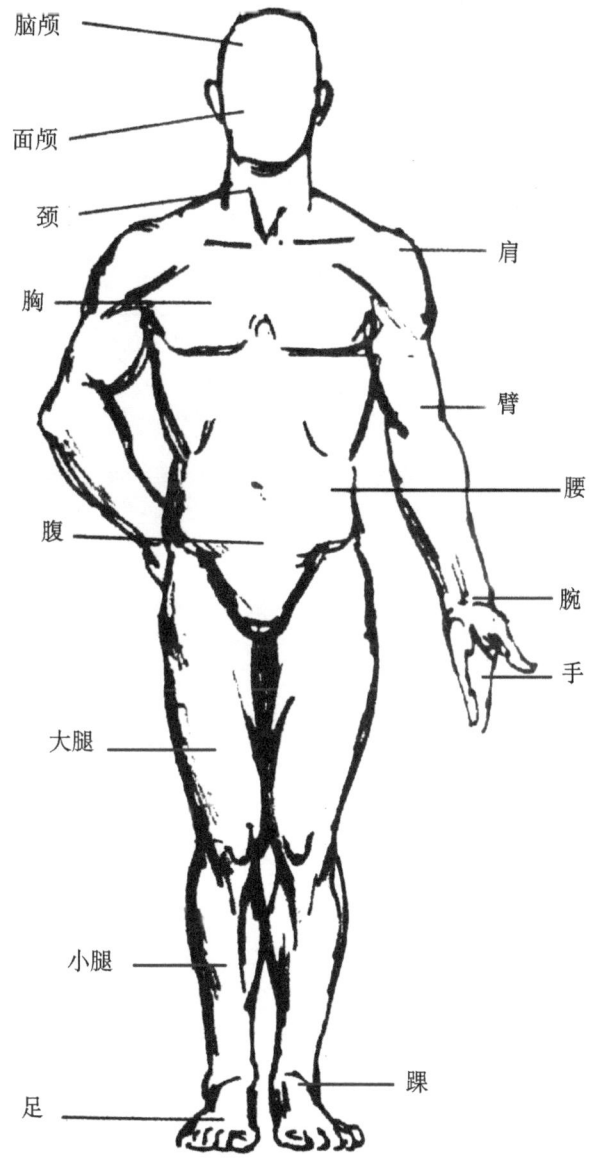

脑颅

面颅

颈

胸

腹

大腿

小腿

足

肩

臂

腰

腕

手

踝

图 2-11　人体的基本形体部位

2.2.1 人体的四大部分 ONE

人体可划分为四大部分，如图 2-12、图 2-13 所示。

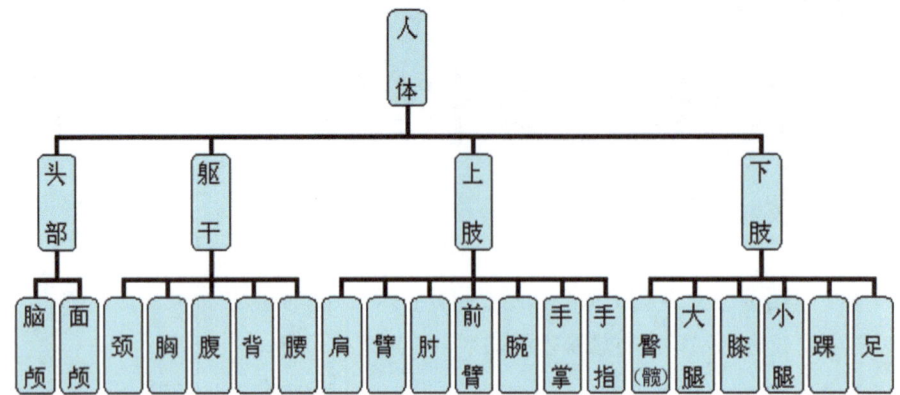

图 2-12 人体的四大部分

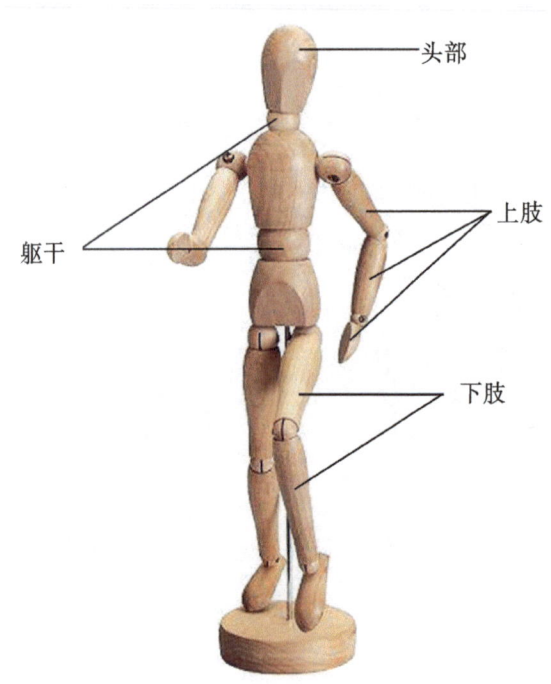

图 2-13 小木人的四大部分

2.2.2 人体骨骼 TWO

人体骨骼示意图如图 2-14、图 2-15 所示。

成人人体约有 206 块骨骼。人体的骨骼起着支撑整个身体同时保护人体内部器官的作用。人体的骨骼形态从根本上体现了人的外部特征。骨骼构架中最重要的是躯干，躯干位于人体的中轴。头颅、胸腔、骨盆保护着人的脑和五脏六腑。脊柱的弯曲保持了人体平衡。上肢由肩胛骨和锁骨连接在胸廓上，上肢多个关节为上肢多方位的

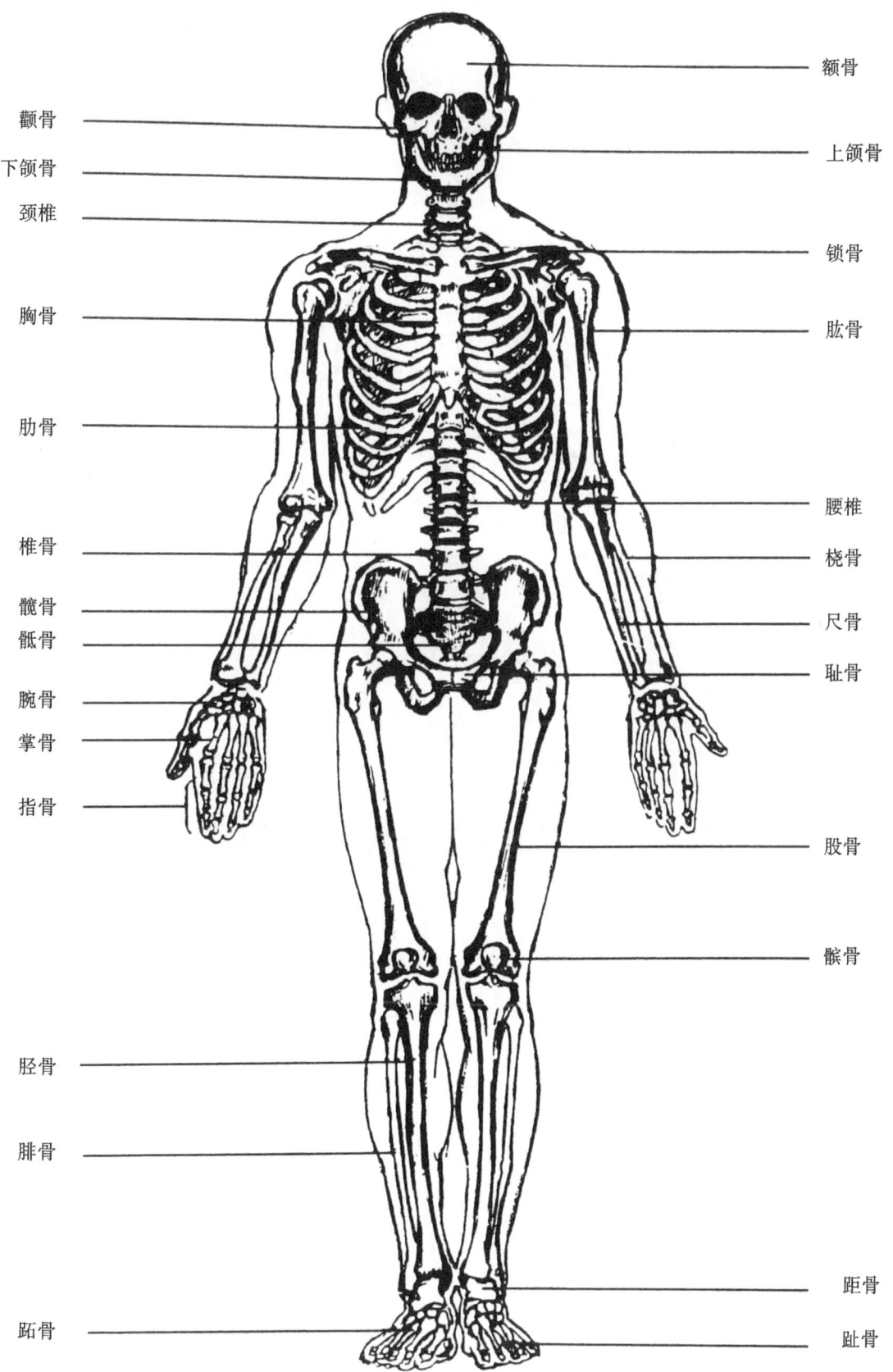

額骨

顴骨

上頜骨

下頜骨

頸椎

鎖骨

胸骨

肱骨

肋骨

腰椎

椎骨

橈骨

髖骨

尺骨

骶骨

恥骨

腕骨

掌骨

指骨

股骨

髕骨

脛骨

腓骨

距骨

趾骨

跖骨

图 2-14　人体骨骼（前面）

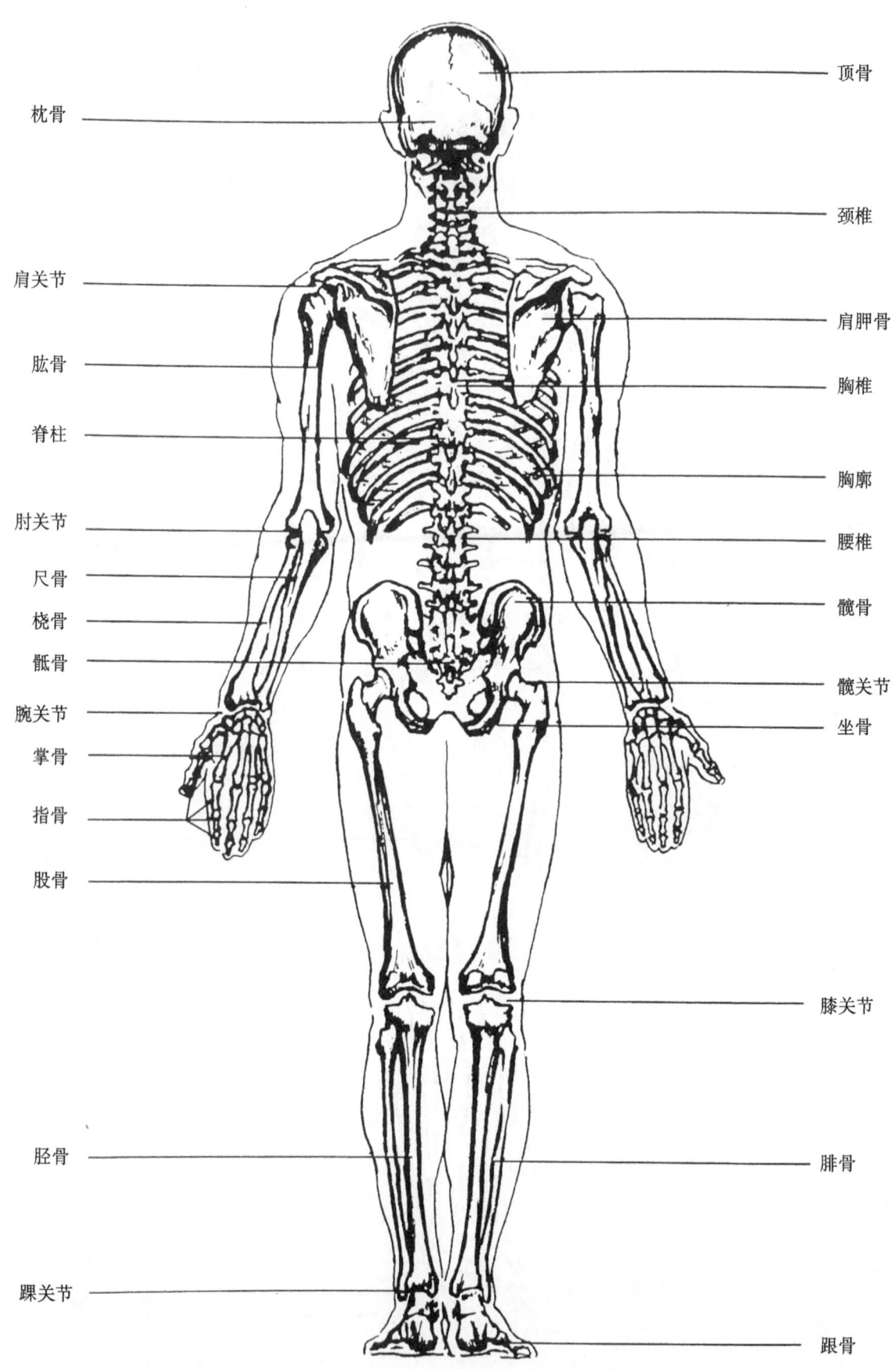

枕骨

肩关节

肱骨

脊柱

肘关节

尺骨

桡骨

骶骨

腕关节

掌骨

指骨

股骨

胫骨

踝关节

顶骨

颈椎

肩胛骨

胸椎

胸廓

腰椎

髋骨

髋关节

坐骨

膝关节

腓骨

跟骨

图 2-15　人体骨骼（后面）

活动提供了根本条件。下肢通过骨盆来支撑躯干，支撑着整个人体的重量，同时是人体行走保持平衡的需要，下肢的灵活性及活动范围要小于上肢。关节（见图2-16）是骨与骨的连接部位。骨与骨的连接方式可分为直接连接和间接连接（滑膜关节）。由于关节活动的形式不同，产生的关节样式也不相同，如球窝关节、鞍状关节、椭圆关节、车轴关节和滑车关节等，如图2-17所示。关节部位在造型上非常明显，且形体方硬，如膝、踝、肘、腕等。

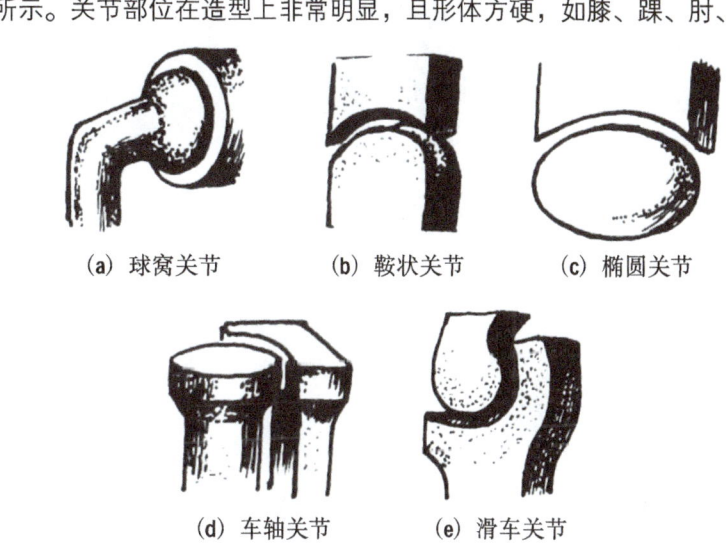

(a) 球窝关节　　　(b) 鞍状关节　　　(c) 椭圆关节

(d) 车轴关节　　　(e) 滑车关节

图 2-17　关节样式

图 2-16　关节

人的运动器官是由骨与骨骼肌两大部分组成，骨是骨骼肌活动的杠杆，骨骼肌是骨运动的载体，肌、骨相连构成了人体的运动器官。人体体块结构如图2-18所示。

2.2.3　人体肌肉　　　　　　　　THREE

人体的自身结构往往有一种韵律，无论静止状态还是运动状态，设计者不仅会运用结构的曲线，而且会运用人体的肌肉形态来塑造人物的节奏感和韵律感。人体的肌肉群在表皮下方相互交错、互相连接，不仅是形成人体外部造型的内部因素，而且是运动器官的重要组成部分。人体肌肉群的收缩，使骨骼产生杠杆运动，从而使人体的上肢、下肢产生运动。如图2-19所示，肌肉在收缩时是隆起和膨胀的，在伸张时是扁平和柔软的。肌肉附着骨骼和韧带组织，构成运动系统。整个人体中的肌肉都是成对的，在躯干中心的两侧对称生成，有一块肌肉在左边，就必然有另一块肌肉在右边。躯干部位以大块肌生长，手足肌则细长纤小。关节上都有两组相对的肌肉附在骨骼上，在关节的前方为屈肌群，在关节的后方为伸肌群。例如，手的前臂前面有一块屈肌，后面必然有伸肌。这样手指才能进行屈和伸的运动。人体

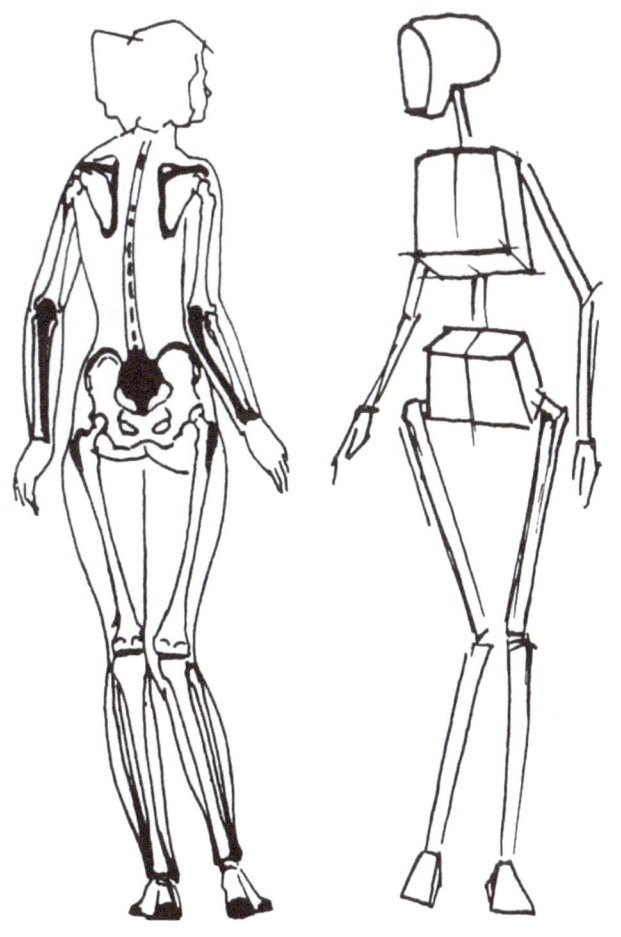

图 2-18　人体体块结构

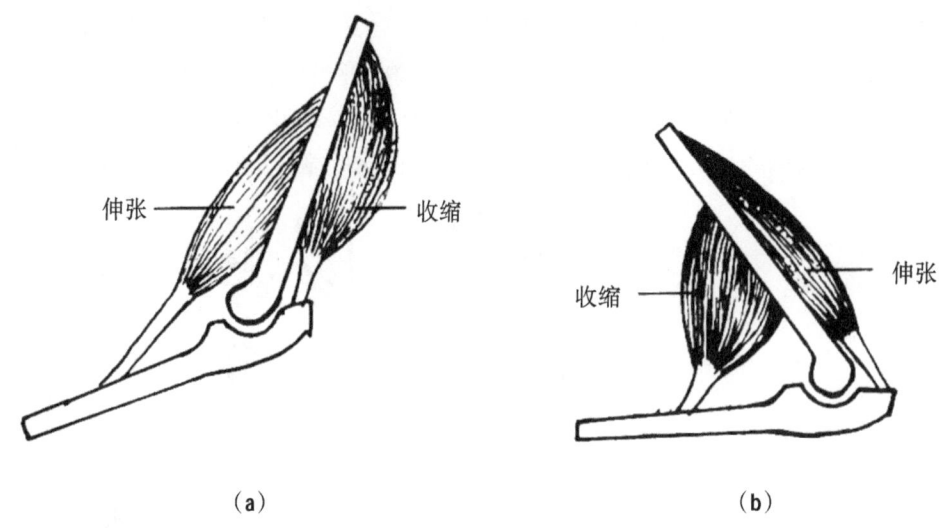

伸张 收缩

收缩 伸张

（a）　　　　　　　　　　　　（b）

图 2-19　肌的收缩和伸张

肌的组织生成方式是跨关节生长的。如图 2-20 所示，肌分为肌腹和肌腱，腱在肌腹的头部和尾部，一般肌都以两端的腱通过一个或两个关节。肌肉的运动仿佛起重机一样，起一种杠杆作用。比如，肘部关节是个支点，上臂的二头肌收缩时就把前臂向上臂这边拉过来，这样就起到杠杆作用。按比例，肌肉比相应的骨骼所移动的长度更长一些。

　　肌的对抗如图 2-21 所示。肌的分类如图 2-22 所示。

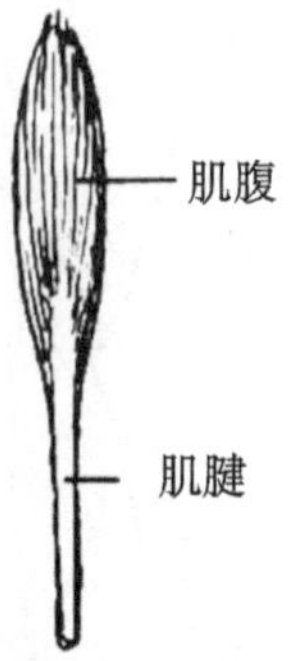

（a）梭形肌　　（b）二头肌　　（c）二腹肌

（d）羽状肌　　（e）半羽状肌　　（f）阔肌

股二头肌　　　　股四头肌
半腱肌

（g）轮匝肌　　　（h）长肌（腹直肌）

肌腹

肌腱

图 2-20　肌腹和肌腱 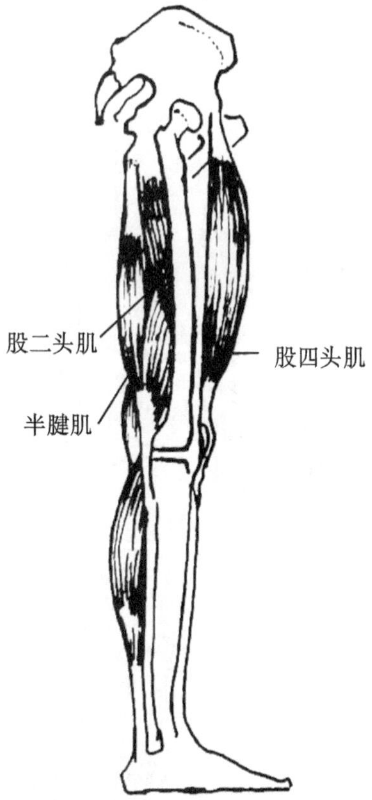　　　　图 2-21　肌的对抗 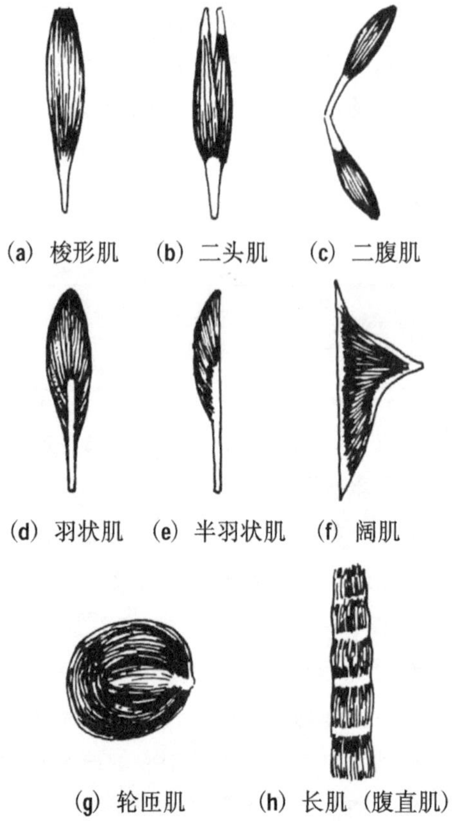　　　　图 2-22　肌的分类

　　人体骨骼肌示意图如图 2-23、图 2-24 所示。

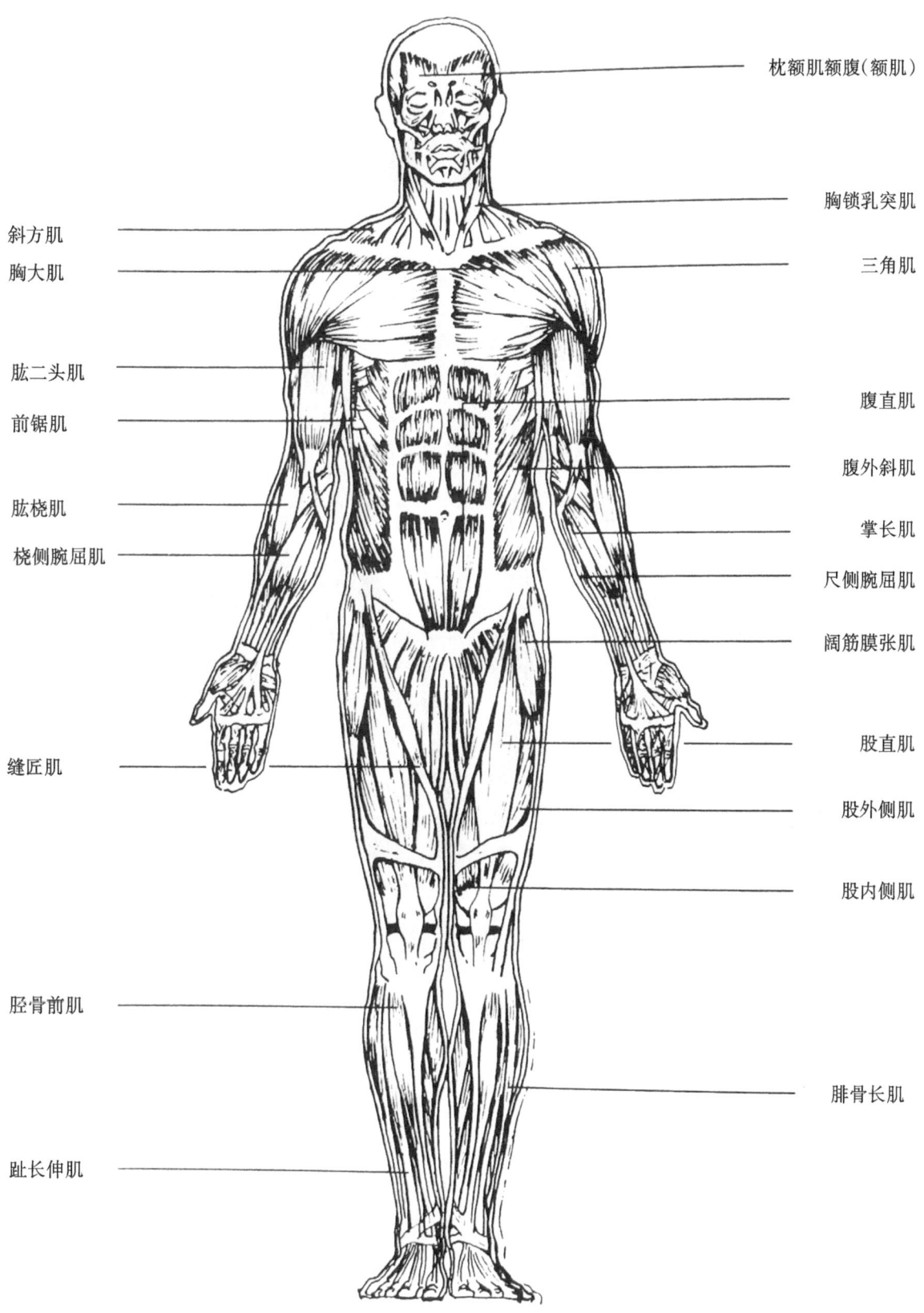

枕额肌额腹（额肌）

胸锁乳突肌

三角肌

斜方肌

胸大肌

肱二头肌

前锯肌

肱桡肌

桡侧腕屈肌

缝匠肌

胫骨前肌

趾长伸肌

腹直肌

腹外斜肌

掌长肌

尺侧腕屈肌

阔筋膜张肌

股直肌

股外侧肌

股内侧肌

腓骨长肌

图 2-23　人体骨骼肌示意图（前面）

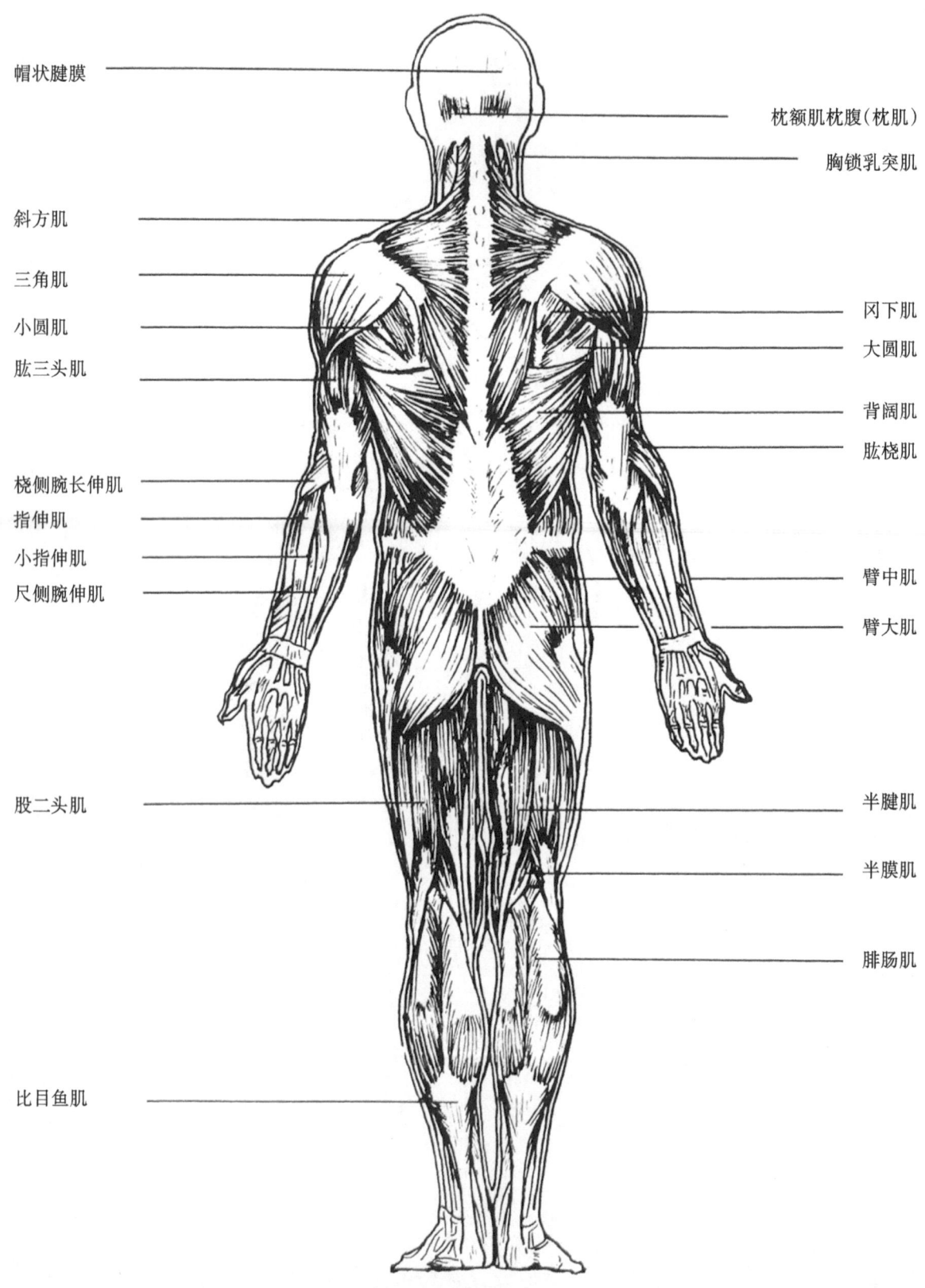

帽状腱膜

枕额肌枕腹（枕肌）

胸锁乳突肌

斜方肌

三角肌

小圆肌

肱三头肌

冈下肌

大圆肌

背阔肌

肱桡肌

桡侧腕长伸肌

指伸肌

小指伸肌

尺侧腕伸肌

臀中肌

臀大肌

股二头肌

半腱肌

半膜肌

腓肠肌

比目鱼肌

图 2-24　人体骨骼肌示意图（后面）

2.3

头　部 ◀◀◀

2.3.1　头部比例与形体　　　　　　　　　　　　　　ONE

　　所谓"三庭五眼"之说是指：发际至眉、眉至鼻底、鼻底至下巴这三段长度基本相等，称"三庭"；脸部正面宽度最宽为五个眼长的宽度，即两眼间距为一眼，两眼外至两耳分别为一眼，称"五眼"。眼通常位于头部正中1/2处上下。

　　此外，耳朵的长度基本等于鼻子的长度，外眦至口角等于外眦至耳屏，如图 2-25 所示。

　　眉间至下颌等于眉间至耳轮，如图 2-26 所示。

　　鬓至眉梢等于鬓至耳轮，如图 2-27 所示。

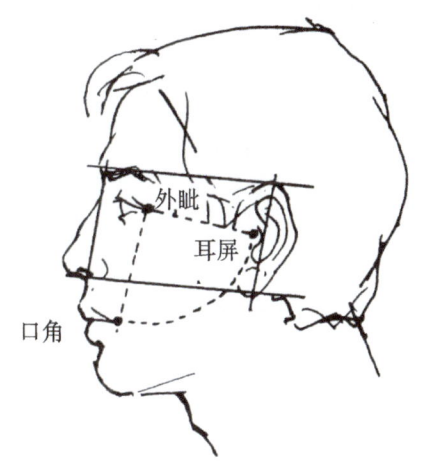

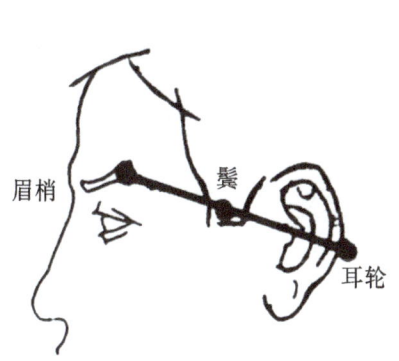

图 2-25　此眦至耳屏 = 外眦至口角　　　　**图 2-26　眉间至下颌 = 眉间至耳轮**　　　　**图 2-27　鬓至眉梢 = 鬓至耳轮**

　　五官局部比例如图 2-28 所示，其中两唇线间到下颌的长度等同于嘴的长度，如图 2-28（c）所示。

　　儿童头部的比例如图 2-29、图 2-30 所示。儿童的眉在头的 1/2 处，两眼的距离相当于 1.5 个眼长。眉以下分 4 个等份，由眉至鼻占 2 个等份，鼻至下颌占 2 个等份，两嘴唇的中线正好在鼻与下颌的中间。

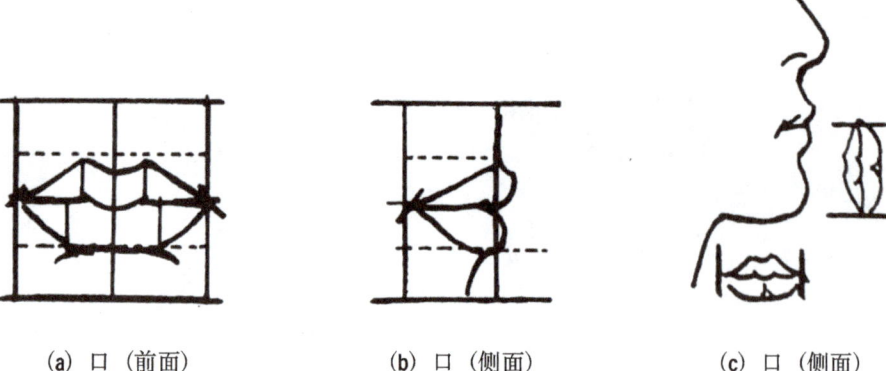

(a) 口（前面）　　　　　　(b) 口（侧面）　　　　　　(c) 口（侧面）

图 2-28　五官局部比例

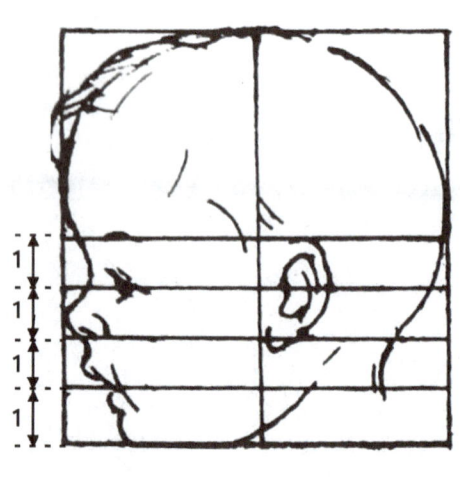

图 2-29　儿童头部的比例（侧面）

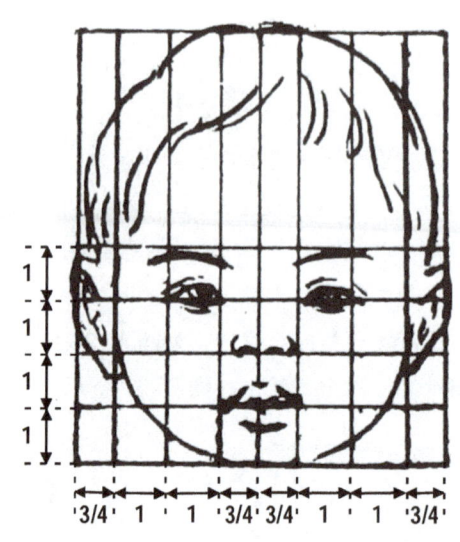

图 2-30　儿童头部的比例（前面）

2.3.2　头骨　　　　　　　　　　　　　　　TWO

　　头部包括脑颅和面颅两大部分。脑颅位于脑的后上方，构成颅骨，从前方看在眼眶以上，从侧面看在颧骨以上，从后方看在枕外隆突以上，它保护着脑部。

　　脑颅呈球状，包括额骨、顶骨（成对）、颞骨（成对）、蝶骨等，如图 2-31 所示。

　　脑颅骨的顶部由额骨、顶骨与枕骨组成。如图 2-32 所示，顶骨的前缘与额骨相接呈管状，顶骨的后延以人字缝与枕骨相接。顶骨的侧面是颞骨和蝶骨，如图 2-33 所示。

　　顶骨是弯曲的扁平骨，表面有成对的顶结节和颞线，在脑颅部，顶结节、颞线与颞窝都是形成外形的结构点。颞骨呈不规则形状，由颞鳞、盐部、乳突部和鼓部组成。颞骨与蝶骨、枕骨和顶骨相连。枕骨位于脑颅骨的后方，表面有枕结节。头骨侧面示意图如图 2-34 所示。

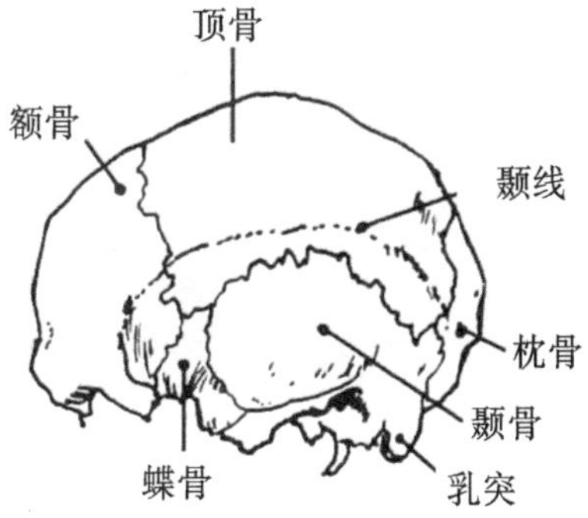

顶骨

额骨

颞线

枕骨

颞骨

蝶骨

乳突

图 2-31　脑颅（侧面）

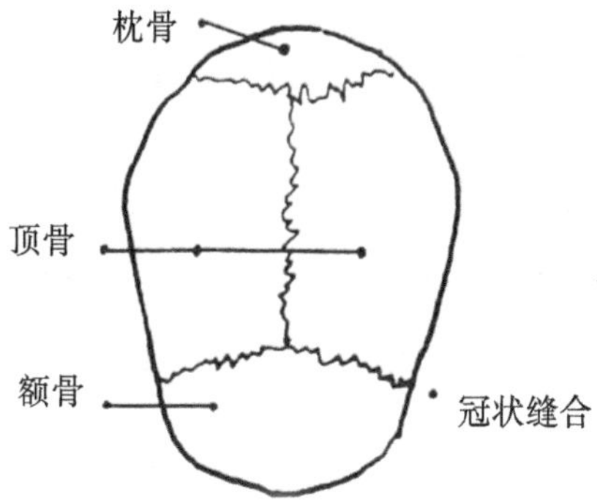

枕骨

顶骨

额骨

冠状缝合

图 2-32　头骨（上面）

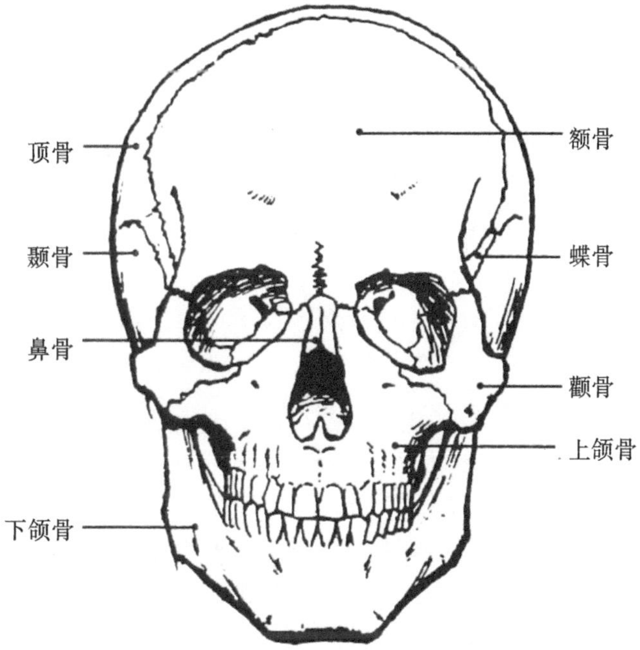

顶骨

颞骨

鼻骨

下颌骨

额骨

蝶骨

颧骨

上颌骨

图 2-33　头骨（前面）

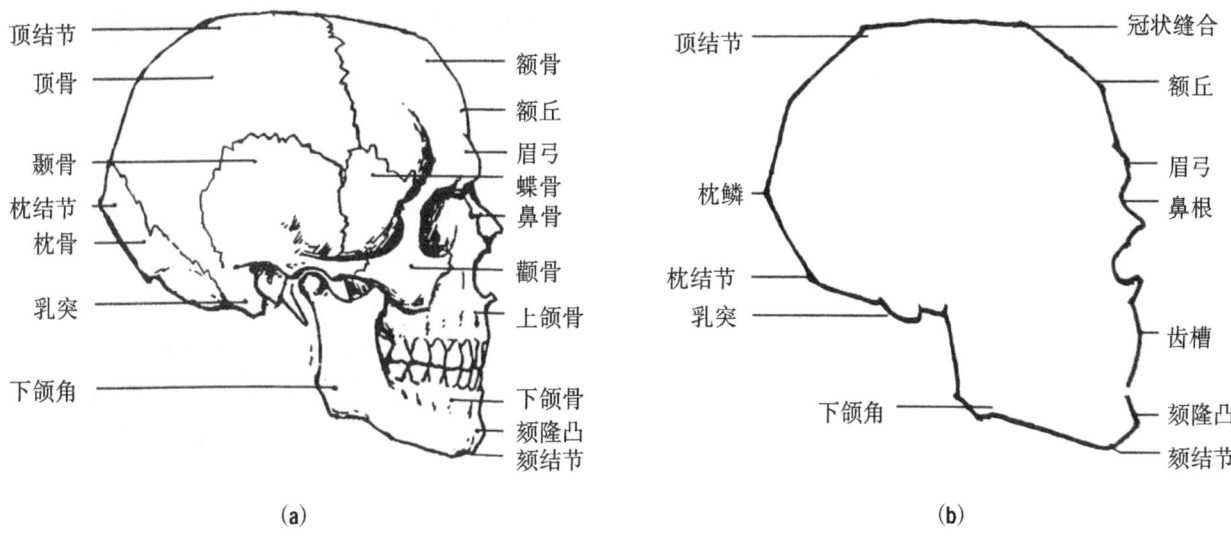

顶结节

顶骨

颞骨

枕结节

枕骨

乳突

下颌角

额骨

额丘

眉弓

蝶骨

鼻骨

颧骨

上颌骨

下颌骨

颏隆凸

颏结节

（a）

顶结节

枕鳞

枕结节

乳突

下颌角

冠状缝合

额丘

眉弓

鼻根

齿槽

颏隆凸

颏结节

（b）

图 2-34　头骨（侧面）

蝶骨类似蝴蝶的形状，不完全显露，在颞窝处露出一部分，如图2-35所示。

额骨位于脑颅的前方，形状类似半圆形贝壳，下缘与颧骨和鼻骨相连，表面有额结节和眉弓，如图2-36所示。

面颅呈楔形，包括鼻骨、颧骨、上颌骨、下颌骨，如图2-37所示。面颅位于头部的中部和下部，在脑颅骨的前下方。在面颅骨上有眼眶和鼻腔洞。颧骨在眼眶下外侧，为菱形的扁骨。鼻骨在额骨的正下方，为长方形。上颌骨位于面部中央，是一对不规则形状的骨块。上颌骨下方是马蹄形的下颌骨，下颌骨可以运动，使嘴张合，是头骨中唯一可以活动的骨骼。

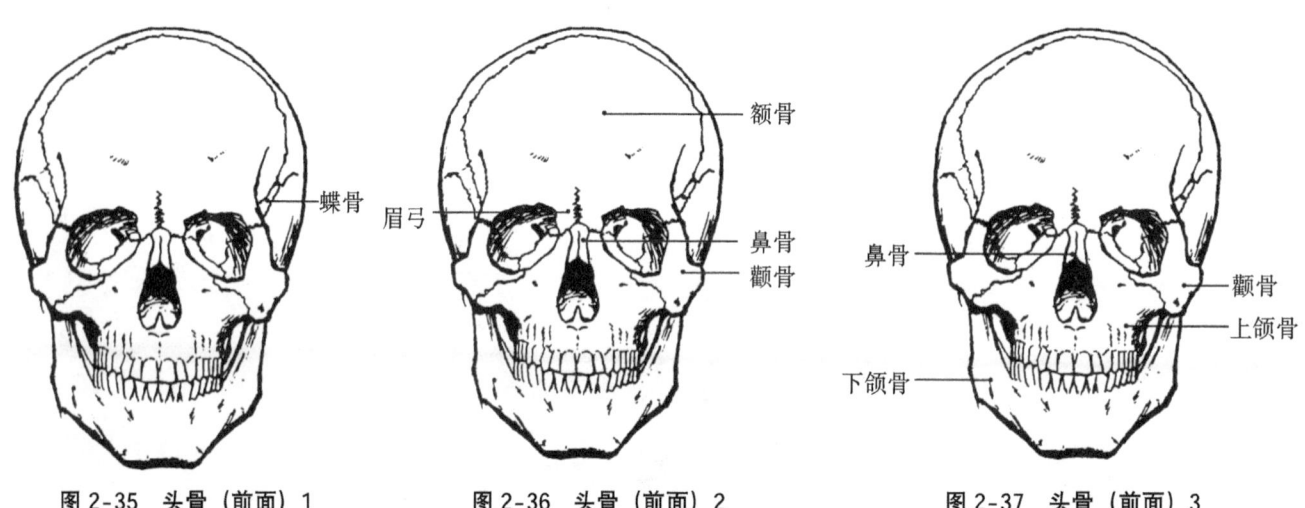

图2-35 头骨（前面）1　　　　　图2-36 头骨（前面）2　　　　　图2-37 头骨（前面）3

颧骨位于面颅的中部，它的形状影响着面部的轮廓。颧骨构成了眼眶的侧缘和下缘，连接额骨和上颌骨。颧骨、额骨和下颌骨的形状是影响脸型的重要因素。颧弓位于颧骨与耳朵之间，横着隆起，呈拱形，如图2-38所示。

鼻骨位于额骨的正下方，成对并左右对称。鼻骨长度只有鼻子长度的一半。上端与额骨连接，下端与鼻软骨相连，两侧与上颌骨相接。两块鼻骨在面部正中位置相互连接，构成鼻梁。鼻梁的高矮也是决定脸形的重要因素之一。

上颌骨位于面颊的中央，表面有犬齿隆突和犬齿窝。

犬齿隆突位于犬齿的上端，由于犬齿牙根较长，故其齿槽特别凸出。犬齿窝位于犬齿隆突外上方，与颧骨相连，比颧骨低，呈凹窝状。

如图3-39所示，下颌骨呈马蹄形，是头骨中唯一可以活动的骨骼。表面有颏隆凸、颏结节、下颌角。

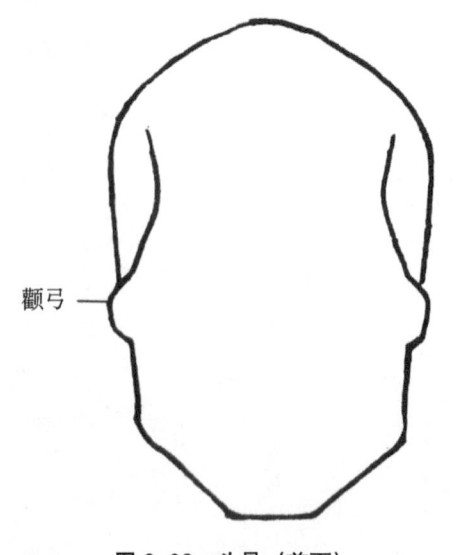

图2-38 头骨（前面）

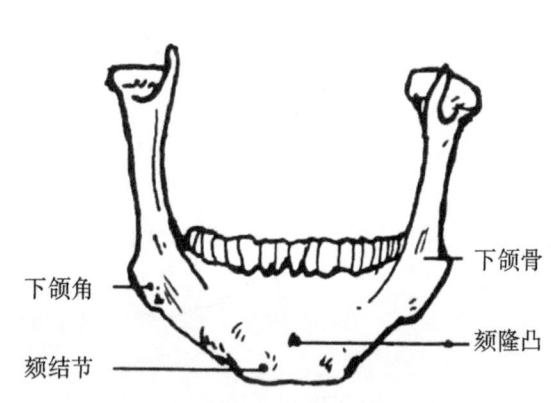

图3-39 下颌骨（前面）

颏隆凸是下颌前方正中处的呈三角形隆起，底部中间略向上微凹（见图 3-40），因人而异，凹槽明显者为双颏。

颏结节是颏隆凸底部两侧呈结节状的骨点。

下颌角位于下颌体与下颌支的交接处。男性下颌角的外形显露，比女性的通常要大一些。

下颌关节由颞骨的下颌窝和下颌骨髁突的下颌头组成。下颌头呈椭圆形，镶于颞骨下颌窝。当下颌运动时下颌关节由下颌窝脱出滑至关节结节的下方。

如图 3-41 所示，头骨的外轮廓转折点包括冠状缝合、顶结节、颞线、颧弓、下颌角、颏结节等。头骨的外轮廓转折点的高度的变化、角度的变化等会形成不同的脸型，是影响人体头部脸型结构的主要因素。

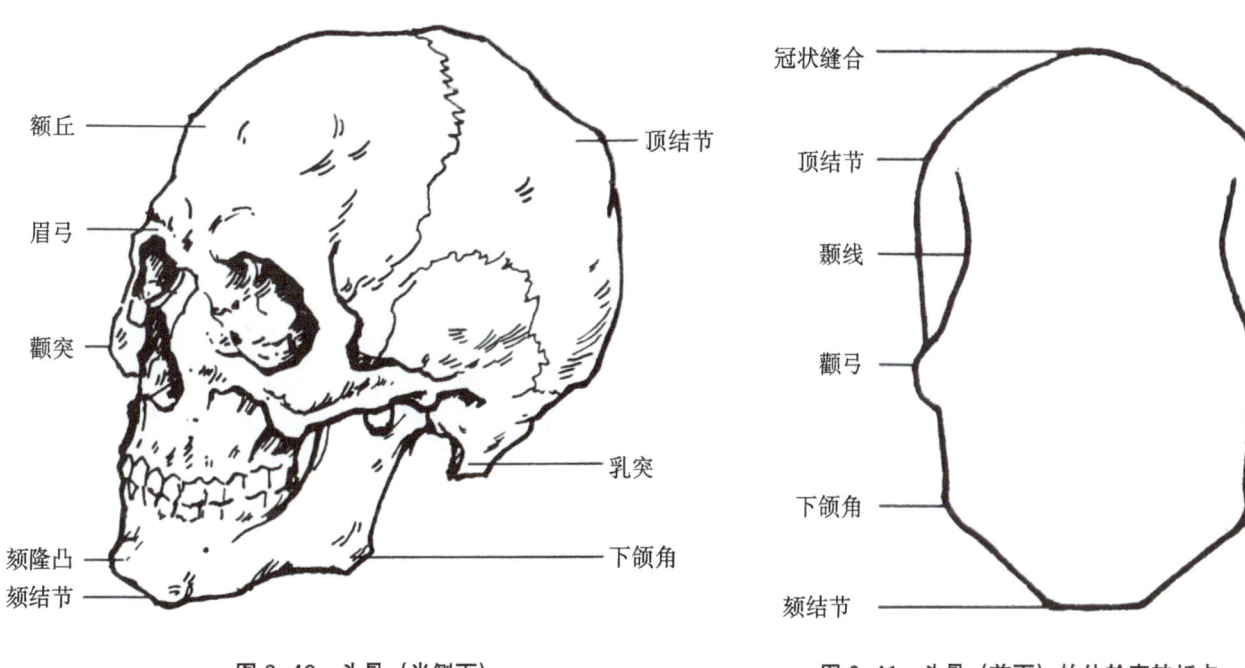

图 3-40　头骨（半侧面）　　　　　　　　图 3-41　头骨（前面）的外轮廓转折点

2.3.3　头肌　　　　　　　　　　　　　　　　　　　TWO

头部的基本形体主要由骨骼和肌肉组成。肌肉的结构决定着表情的变化。头部的肌肉可分为表情肌和咀嚼肌两大部分。表情肌对面部的表情起着重要的作用，占头部肌肉的大多数。咀嚼肌作用于嘴、眼的开合，如咬肌、颞肌、颊肌。同时部分咀嚼肌填充在头骨的凹陷处，如：颧弓下面的空间由咬肌、颊肌填充；颧弓上面的空间由颞肌填充。面部肌（前面）示意图如图 2-42 所示。

一、表情肌

（1）额肌：在额头的中央部分，薄而阔的浅层肌，且成对；起于眉部和眼轮匝肌，呈帽状腱膜；额肌收缩可睁大眼或提眉，并使额出现皱纹，常与惊愕表情相联系。

（2）皱眉肌：位于眼轮匝肌眶部和额肌深层与之交错；起于额肌的眉间部分，止于眉毛的皮下；收缩时产生皱眉，眉间产生纵向深沟，形成忧愁的表情。

（3）降眉间肌：位于眉间和鼻根。降眉间肌起自鼻骨部，向外上方生长，止于眉间的皮肤，其收缩时牵引眉头向下，鼻根产生横向的深纵沟，形成凶狠的表情。

（4）眼轮匝肌：位于眼眶的周围，为扁椭圆形的环形肌肉，分睑部、眶部、泪部三个部分，如图 2-43 所示。

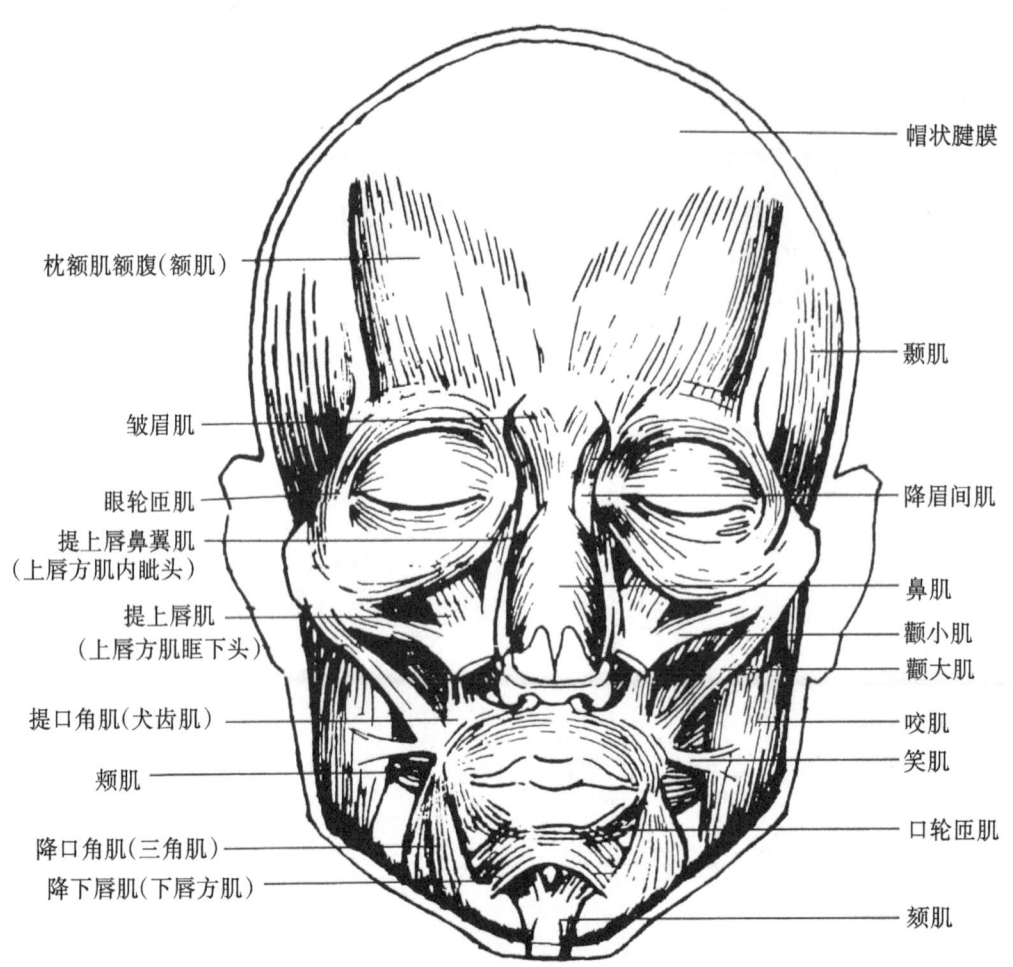

图2-42 面部肌(前面)

帽状腱膜
颞肌
降眉间肌
鼻肌
颧小肌
颧大肌
咬肌
笑肌
口轮匝肌
颏肌

枕额肌额腹(额肌)
皱眉肌
眼轮匝肌
提上唇鼻翼肌
(上唇方肌内眦头)
提上唇肌
(上唇方肌眶下头)
提口角肌(犬齿肌)
颊肌
降口角肌(三角肌)
降下唇肌(下唇方肌)

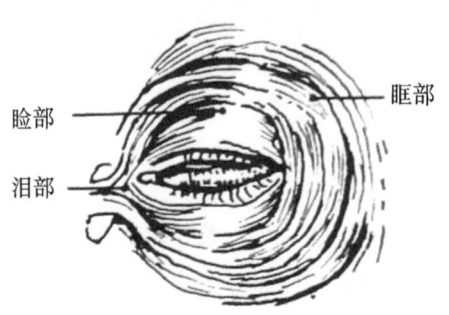

眶部
睑部
泪部

图2-43 眼轮匝肌

①睑部：起于眼眶内缘，止于眼眶的外缘，是位于眼睑皮下的肌肉组织。

②眶部：起于眼眶内侧，止于睑内侧韧带，位于眼眶周围，是最外层的肌肉部分，上部与眉连接，下部与面颊相连，呈环形。

③泪部：内眦深处的肌肉。泪部使泪囊扩张从而促使眼泪流下。

眼轮匝肌的主要作用是使眼睛闭合。眼轮匝肌上半部收缩可以拉平额头皱纹，形成深思的表情；下半部收缩可提起下眼睑，同时产生皱纹，形成微笑的表情。

(5) 鼻肌：位于鼻部周围，分为横部、翼部和中隔部分三部分。横部收缩可使鼻梁产生纵向皱纹。翼部收缩可使鼻孔张大或缩小。中隔部分很小，作用是收缩鼻部。

（6）颧肌：起自颧骨，止于口角皮肤，可使口角上拉，产生喜悦表情。

（7）上唇方肌：位于口唇上方，可使上唇上提，鼻孔扩大，加深鼻唇沟，产生不满的表情。

（8）口轮匝肌：呈扁平环形状，位于口裂周围上下唇的皮下深部，与颊肌、口角肌（提口角肌、降口角肌）、颧大肌相接，可使口裂闭合，产生恼怒表情。

（9）颊肌：位于颧下和口角之间面颊的深部，成对，紧贴口腔侧壁，使口裂向两侧或使唇颊肌贴近牙齿，吸吮、吹奏动作时非常明显。

（10）下唇方肌：起于下颌骨的底部，向内上方穿过口轮匝肌，止于下唇的皮下，下唇向外牵引，并带动鼻唇沟向内弯曲，产生悲伤的表情。

（11）颏肌：位于颏隆凸处，起于颌骨门齿槽下，止于颏肌皮下，使下唇向上提起，形成噘嘴。

面部肌（半侧面）示意图如图2-44所示。

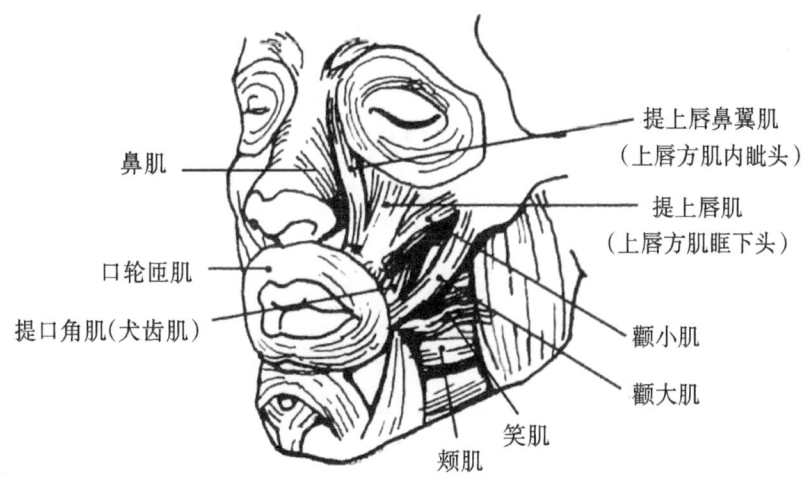

图2-44 面部肌（半侧面）

二、咀嚼肌

咀嚼肌示意图如图2-45所示。

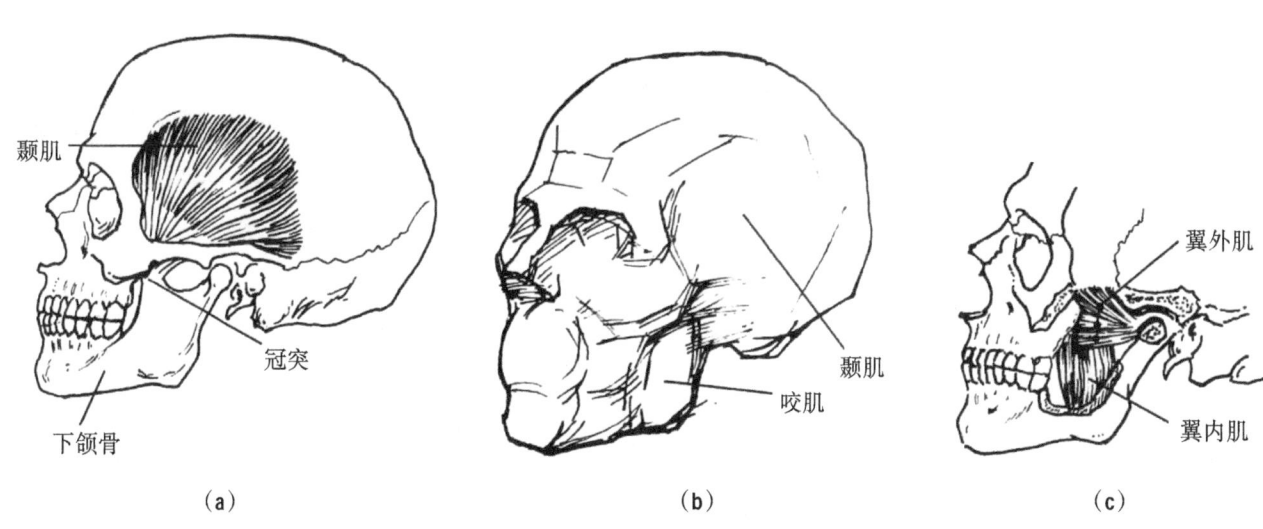

图2-45 咀嚼肌

（1）颞肌：成对，呈扇形的阔肌，起于颞窝，肌束向下通过颧弓，止于下颌骨的冠突，可使下颌骨向上提起。

（2）咬肌：起于颧弓下缘，止于下颌下缘的咬肌粗隆，可使下颌向上提起，形成闭嘴的动作。

（3）翼内肌：起于蝶骨翼突及上颌骨体，止于下颌角内面，可使下颌向上提起。

（4）翼外肌：起于蝶骨翼突外侧，止于下颌颈，可使下颌向前移动。

人类头部的外轮廓形状是无限多样的，由于年龄、性别等的不同，人的头部骨骼和肌肉的区别形成了每个人的头部特征，但归纳起来可以概括成八种类型，即申、甲、国、田、月、用、由、风，如图 2-46 所示。

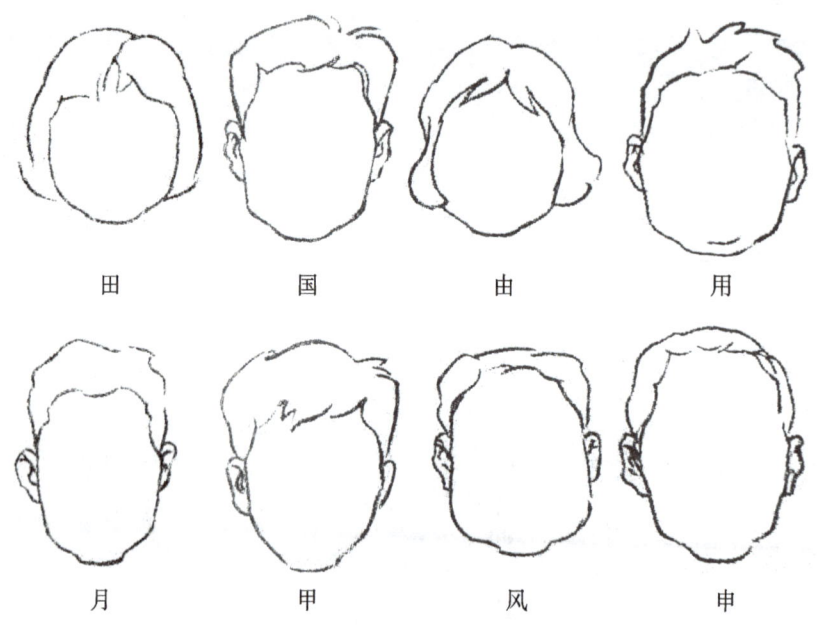

田   国   由   用

月   甲   风   申

图 2-46　头部外轮廓形状

2.3.4　面部五官 FOUR

五官是头部的重要构成因素。虽然类型众多，但基本结构都是一样的。在处理五官类型时应注意基本结构、外形特点之间的协调关系。五官包括眉、眼、鼻、口和耳。

一、眉

眉毛位于眼眶上部，形状弯曲，表情动作与眼睛神态一致。女性的眉毛较细，弯曲为弓形。男性的眉毛较粗，眉形方直。不同的眉毛形状能反映出人不同的性格。眉毛的主要作用是防止汗水渗入眼内。其结构分为眉头、眉身和眉梢三部分，同时可分为上、下两部分。上列眉向下生长覆盖在下列眉之上。上列眉呈放射状走势，描绘时由内向外逐渐由深变浅。眉按形状可分为卧蚕眉、剑眉、平眉、寿星眉、娥眉等，如图 2-47 所示。

二、眼

眼是人物神态的重要表现部位，也称为心灵的窗口，包括眼眶、眼睑和眼球三个部分。

眼眶为四方形状，眼球镶嵌于眼眶之中。

眼睑也称眼皮，使眼睁开、闭合的部分，是保护眼球的外皮组织，分为上眼睑和下眼睑。上眼睑有单睑和重睑两种，俗称单眼皮、双眼皮。中间的裂缝称睑裂。睑裂的两端是内眦和外眦，内眦处一隆起部位为泪阜。

眼球呈球状，嵌在眼眶的内部。眼球分巩膜和虹膜两个部分。巩膜也称白膜和眼白。虹膜就是平时所说的黑眼球。眼睁开时巩膜约占 2/3，虹膜约占 1/3。虹膜中间是瞳孔。眼睛可分为方形眼、圆形眼、丹凤眼、三角眼等。

眼部外形示意图如图 2-48 所示。眼部肌肉示意图如图 2-49 所示。

三、鼻

鼻位于面部的中央，是最突出的五官，整体呈三角形，分鼻梁、鼻尖、鼻翼和鼻孔四部分，由鼻骨和鼻软骨

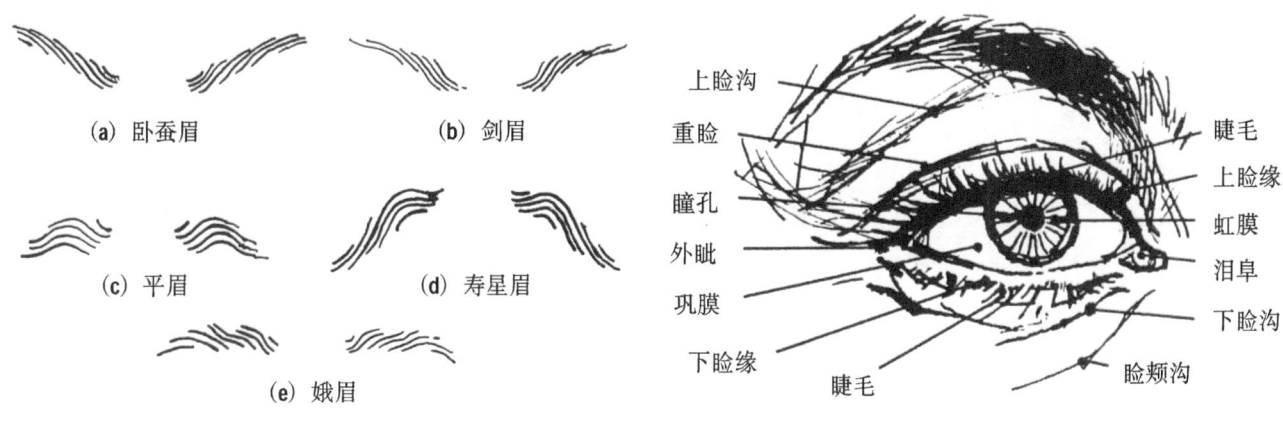

图 2-47 眉的形状

图 2-48 眼部外形

组成。鼻梁，也称鼻根，由两块狭长的对称鼻骨构成。鼻梁向下连接鼻背，下端是鼻尖，鼻端两侧为鼻翼，鼻子下方为鼻孔。鼻尖、鼻翼和鼻孔部分由软骨和软组织构成。鼻子的部位名称如图 2-50 所示。

面部表情的变化会使鼻子形状发生变化：喜悦大笑时，**鼻翼会上举**；兴奋时，**鼻翼会扩张**；不满时，**鼻翼则会收缩**。

鼻子的形状因年龄、性别、种族的不同会有明显的差别。

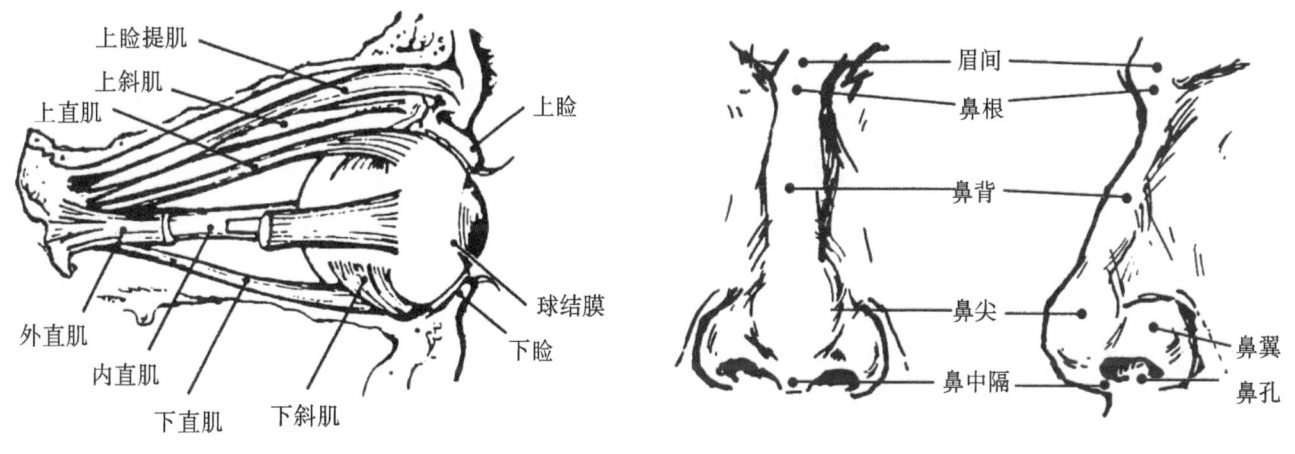

图 2-49 眼部肌肉

图 2-50 鼻子的部位名称

四、口（嘴）

口主要的结构就是唇，俗称嘴唇，也称口唇。口唇依附于下颌骨齿槽上的半圆柱体上。口唇的外形往往取决于齿槽的弯曲程度。如图 2-51 所示，口唇分为上唇、下唇，中间闭合的缝隙为口裂，两端是口角。上唇上方中间的纵直凹沟为人中。上唇中间小的突起为上唇结节。下唇有两个微突，为下唇结节。下唇下方有一凹沟，称为颏唇沟。口唇的上唇略大于下唇，上唇较薄。口唇的形状因种族、年龄、性别的不同而有所区别。

五、耳

耳在头部的两侧，成对。一般情况下，耳的长度与鼻子的长度相等，宽度为长度的 1/2。耳由耳屏、耳轮和耳垂组成，如图 2-52 所示。耳屏在耳孔的前方。耳轮是耳周围的边缘。耳垂在最下方，是脂肪，其他部分为软骨组织。

六、面部表情的产生与面部皱纹的形成

面部表情可以分为八类：感兴趣 - 兴奋、高兴 - 喜欢、惊奇 - 惊讶、伤心 - 痛苦、害怕 - 恐惧、害羞 - 羞辱、轻蔑 - 厌恶和生气 - 愤怒。眼睛和口腔附近的肌肉群是面部表情最丰富的部分。面部肌肉松弛，表明心情愉快、轻松、舒畅；面部肌肉紧张，表明痛苦、严峻、严肃。一般来说，面部各个器官是一个有机整体，协调一致

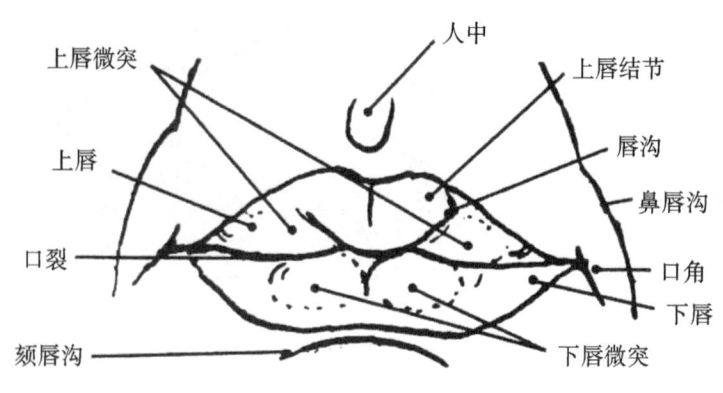

图 2-51　口唇的形体

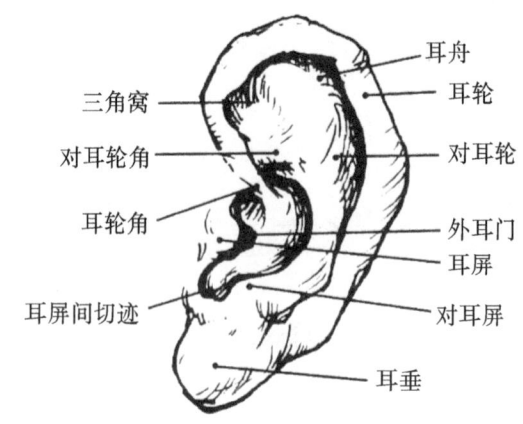

图 2-52　耳的组成部分

地表达出同一种情感。

　　眼睛通常是情感的第一个表达者，透过眼睛可以看出一个人是欢乐还是忧伤，是烦恼还是悠闲，是厌恶还是喜欢。从眼神通常可以判断一个人的内心是坦然还是心虚，是诚恳还是伪善。正眼视人，显得坦诚；躲避视线，

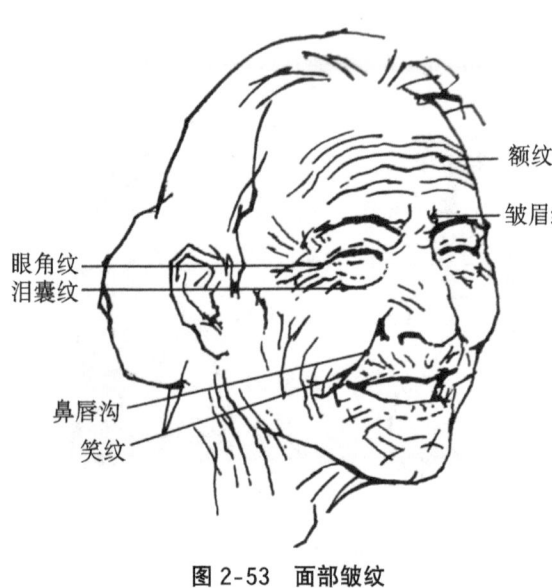

图 2-53　面部皱纹

显得心虚；斜着眼，显得轻佻。目光可以委婉、含蓄地表达爱恋或推却、允诺或拒绝、央求或强制、讯问或回答、谴责或赞许、讥讽或同情、企盼或焦虑、厌恶或亲昵等复杂的思想和愿望。眼泪能够恰当地表达人的许多情感，如悲痛、欢乐、委屈、思念、温柔、依赖等。

　　眉间的肌肉和皱纹能够表达人的情感变化。柳眉倒竖表示愤怒，横眉冷对表示敌意，挤眉弄眼表示戏谑，低眉顺眼表示顺从，眉头舒展表示宽慰，等等。

　　不同的表情会使肌肉产生不同的运动，产生运动后皮肤表面就会产生凹沟（即皱纹）。皱纹活跃在眉头、眼角、鼻翼、口角、鼻根处，且最多的地方一般是口角、眼角。

　　面部皱纹示意图如图 2-53 所示。面部特征示意图如图 2-54 所示。面部形体示意图如图 2-55 所示。

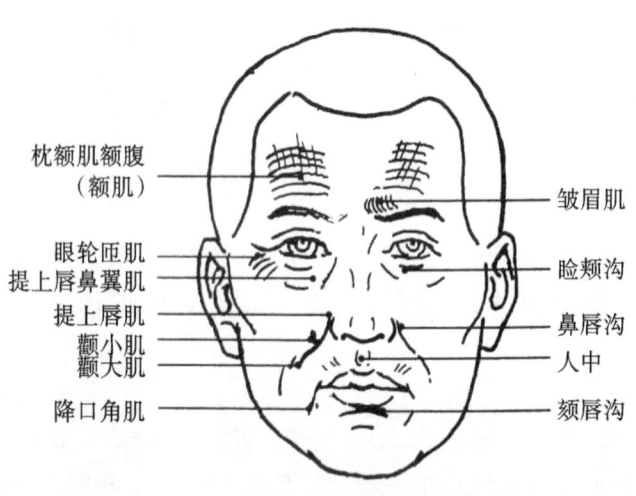

图 2-54　面部特征

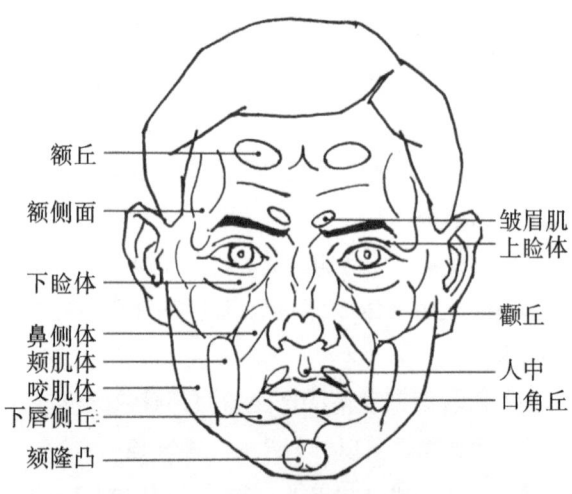

图 2-55　面部形体

躯 干 《《《

躯干是人体体积最大的部分，大致可分为颈部、胸部和臀部 3 个部分。躯干的骨骼主要由脊柱和胸廓构成。在躯干骨骼的正面、背面、侧面分布着多层肌肉，大致分为颈肌、胸肌、腹肌和背脊。

2.4.1　躯干的比例 ONE

躯干通常等同于 3 个头长。前面：下颌—乳头—脐孔—耻骨。后面：颈中部—肩胛中部—背廓下缘—骶骨下端。腰宽等于 1 个头长。肩宽等于 2 个头长。如图 2-56 所示，两肩峰至脐孔引 2 条直线，与两肩峰的连线形成倒置三角形，把三角形的高分成 3 等份，中间为青年女性乳房位置，而乳头恰好在两边线上。女性脐孔在胸骨下缘至耻骨的 1/2 处。躯干胸部厚度等于肩宽的 2/3。

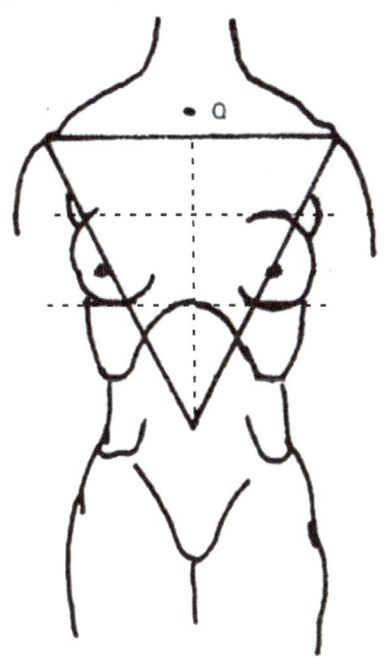

图 2-56　躯干细节比例

2.4.2　躯干骨骼 TWO

躯干骨由脊柱、胸廓、锁骨、骨盆、肩胛骨组成，是人体的支柱，支撑上身重量。躯干骨的示意图如图 2-57 所示。

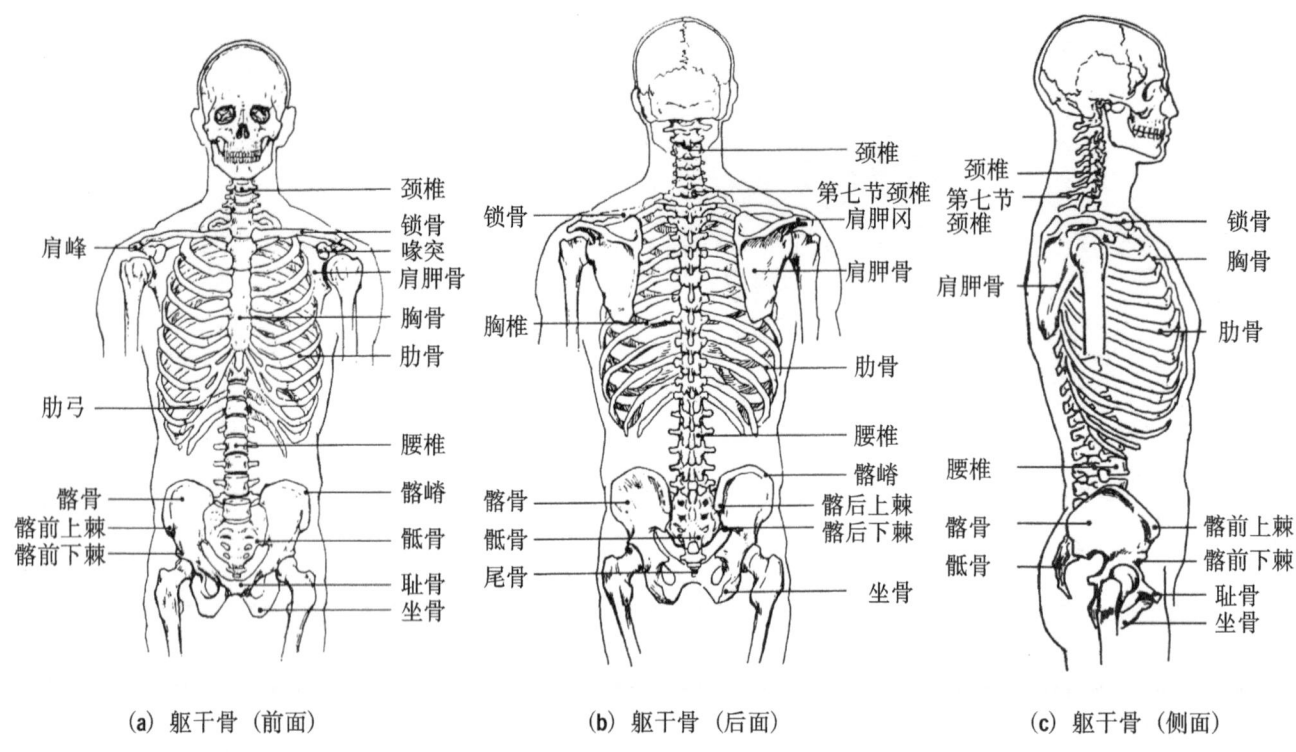

(a) 躯干骨 (前面)　　　　　　(b) 躯干骨 (后面)　　　　　　(c) 躯干骨 (侧面)

图 2-57　躯干骨

脊柱是人体结构的中轴，支撑头、胸、骨盆三大体块，整体称为脊柱，单体称为脊椎。如图 2-58 所示，脊柱由 7 块颈椎骨、12 块胸椎骨、5 块腰椎骨、1 块骶椎骨、1 块尾椎骨组成。椎体形状复杂，似环形，环环相扣，连成一体，形为脊柱。各椎之间有富有弹性的椎间盘衬垫，使人体在运动时减少对大脑的震动与冲击。骶、尾骨为弧状骨板，在腰下、两臀间可见这一骨板所形成的卡里路斯菱形。

脊柱有 4 个弯曲，颈向前，胸向后，腰向前，骶向后，俗称生理曲度。脊柱可进行前后躯体运动、侧曲运动，还可在垂直轴上进行旋转运动。人体运动时脊柱的弯曲可以减轻行走时的震荡，增加弹性，使躯干运动灵活自如。

颈椎位于头部以下、胸椎以上的部位。颈椎共有 7 节。第一节颈椎（寰椎）无椎体、无棘突，由前后弓和侧块组成，与枕骨相连，对颈部外形无影响。第二节颈椎（枢椎）与第一节颈椎相连，可使头部进行环转运动。颈椎骨中第七节颈椎的棘突最长，低头时可以摸到。除第一节颈椎和第二节颈椎之间没有椎间盘外，其他颈椎之间都夹有一个椎间盘。加上第七节颈椎和第一节胸椎之间的椎间盘，颈椎共有 6 个椎间盘。椎体呈椭圆形的柱状，与椎体相连的是椎弓，两者共同形成椎孔。所有的椎孔相连构成椎管。颈椎是脊柱椎骨中体积最小、灵活性最大、负重较大的节段。

胸廓（见图 2-59）由胸骨、12 节胸椎、12 对肋骨组成，是人体重要的体块结构之一，起着保护内脏器官的作用。人呼气或吸气时胸廓弹性起伏，在剧烈运动时更为明显。胸廓与锁骨、肩胛骨、骨盆共同组成躯干骨的样式。

如图 2-60 所示，胸骨是扁平状骨板，由胸骨柄、胸骨体和胸骨尖 3 部分组成。

肋骨（见图 2-61）共有 12 对，构成胸廓壁，每节胸椎分出两根肋骨向前与胸骨围成圆形的无底状（浮肋不与胸骨连接），上小下大，呈卵圆形。1~7 肋直接借助肋软骨与胸骨相连，称真肋。8~10 肋间接（肋软骨附于 7 肋上）与胸骨相连，称为假肋。11 肋、12 肋不与胸骨相连，且无软骨，称浮肋。胸廓的形状因人的性别、年龄不同而有所区别和变化。女性胸廓比男性略短、略窄。儿童胸廓的左右宽度较小，前后宽度较大。老年人的胸廓随着年龄的增长逐渐变得扁而长。

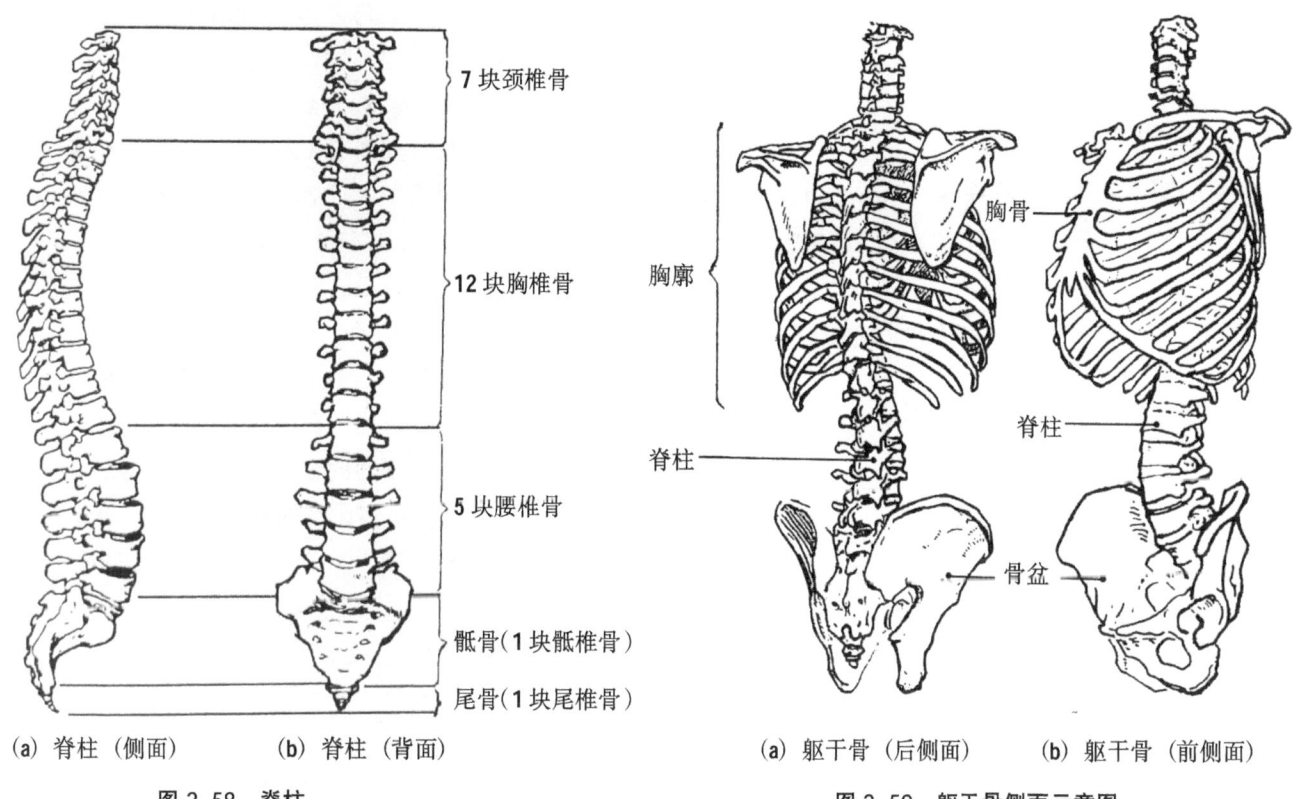

（a）脊柱（侧面）　　（b）脊柱（背面）

图 2-58　脊柱

7 块颈椎骨

12 块胸椎骨

5 块腰椎骨

骶骨（1 块骶椎骨）

尾骨（1 块尾椎骨）

胸廓

胸骨

脊柱

脊柱

骨盆

（a）躯干骨（后侧面）　　（b）躯干骨（前侧面）

图 2-59　躯干骨侧面示意图

锁骨切迹

胸骨柄
（剑柄）

胸骨体

胸骨尖
（剑突）

肋切迹

（a）胸骨（前面）　　（b）胸骨（侧面）　　（c）胸骨（后面）

图 2-60　胸骨

真 肋

假 肋

浮 肋

图 2-61　肋骨

　　锁骨和肩胛骨也可以列在上肢部分，因为锁骨和肩胛骨在上肢运动中起着主要的支撑作用。从解剖角度来看，这样的划分是完全正确的；但从形体结构意识出发，锁骨和肩胛骨是胸腔的重要组成部分，虽然在上肢运动时，它们有较大范围的移动，但它们没有离开胸腔体块。

　　锁骨和肩胛骨在胸廓的上方形成一个环，标志着胸腔的顶面和侧面的区域。锁骨像一张弓，也像一个倒挂的

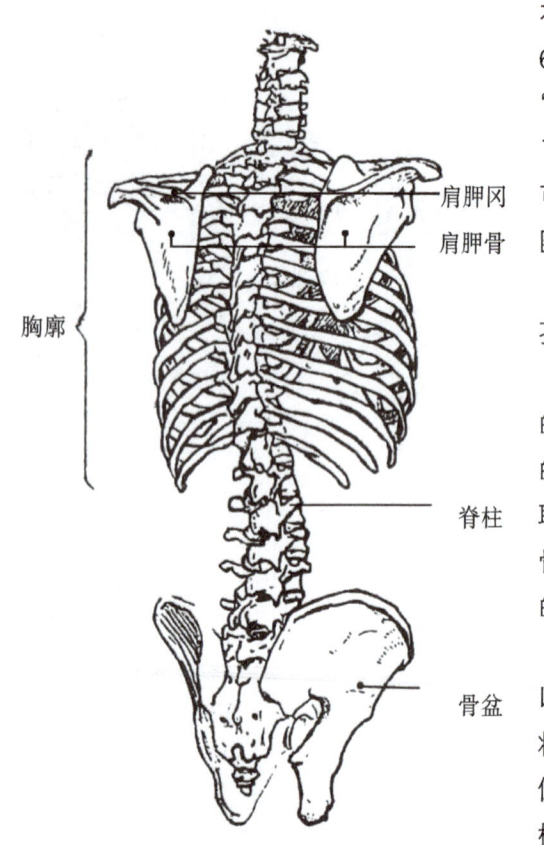

图 2-62　躯干骨（后侧面）之肩胛骨

衣架。肩胛骨上覆盖有多重肌肉，本身像三个角分别为 30°、60°、90° 的直角三角板，"30° 角"向下，"60° 角"向肩头，"90° 角"和"长直角边"在脊椎一侧，而且肩胛冈又和直缘形成了约 120° 角的等边三角形，如图 2-62 所示。锁骨以锁骨头为轴可以上下运动，又可以向前后做水平运动，还可以以锁骨头为轴画圈，并带动肩胛骨运动。

颈轴运动。脊柱顶部与头骨相连部分为颈。脊柱直接与枕骨大孔相连。头颈前后左右转动灵活。

理解骨盆不仅要理解其宽度，还要认识其厚度，要建立起立体的理解认知。骨盆是由左、右对称的 2 块髂骨连接脊柱的骶骨形成的盆状体。左、右髂骨在人体正面的连接点，称为耻骨联合，耻骨联合正好是人体的 1/2 处，是人体比例的重要标准点。骨盆中的骶骨是脊椎的一部分。骨盆的上缘为髂前上棘，这是人体腰部、髋骨的分界部分。

男、女颈前颏下的喉结不同：男凸显、女平缓。喉近似方椎状，以韧带与舌骨上部相连，由对称的两片甲状软骨结合而成，下为环状软骨，下部气管前两侧为甲状腺，正面看像蝉的双翅。儿童的喉位最高，1 周岁的婴儿，喉位在 1 椎与 2 椎之间；成人的喉位在 3 椎与 4 椎之间；老人的喉位最低，在 5 椎与 6 椎之间。性成熟前，男、女的甲状软骨板无显著差异，随着性成熟期的到来，男子甲状软骨发育明显突出，并显于皮下，形成明显的性别差异特征，称为喉结。女性一般至成熟期喉结也不明显，颈部表现平滑，但甲状腺较发达，显得颈部丰润。

2.4.3　躯干肌　　　　　　　　　　　　　　　　　THREE

一、正面肌肉

（一）胸大肌

胸大肌（见图 2-63）是胸部最大的肌肉，其厚薄直接影响外形。

位置：胸骨两侧，颈窝以下，肋弓以上。

起止：起于胸骨外端及锁骨内端 2/3 下缘，及 1 肋至 6 肋；止于上臂肱骨前外侧的大结节嵴（肱骨上半部）。止点处有起点的肌肉交叉，上方（锁骨方向）来的肌束止于止点下方，而下方（胸骨下部）来的肌束止于止点上方，交叉点在腋窝前面外侧。

（二）胸小肌

位置：于胸大肌深层。

起止：起于 3 肋至 5 肋与软骨交接处外侧，止于肩胛骨之喙突。

（三）前锯肌

位置：于胸廓两侧。

起止：起于 1 肋至 9 肋，向外上方集中；止于肩胛骨内侧缘，如图 2-64 所示。

图中标注：肩胛冈　肩胛骨　胸廓　脊柱　骨盆

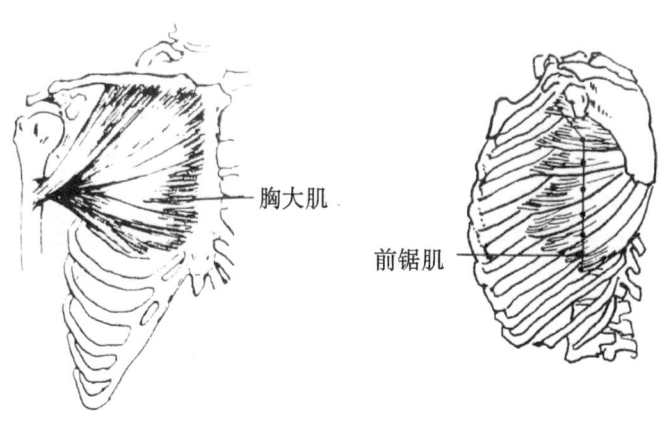

图 2-63 胸大肌　　　　　图 2-64 前锯肌

（四）腹直肌

位置：腹部前侧，覆于腹部。

起止：起于胸骨下方，5 肋至 7 肋软骨外侧，向下渐窄而增厚；止于耻骨结节及耻骨联合处，如图 2-65 所示。

（五）腹外斜肌

位置：于腹部两侧，与前锯肌在腋下交叉，呈狼牙状。

起止：起于下 8 肋，肌纤维向前下方走，变为腱膜，盖于腹直肌上；止于腹股沟韧带。腹外斜肌为小腹与大腿的分界线。

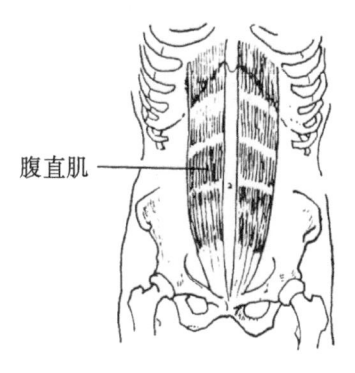
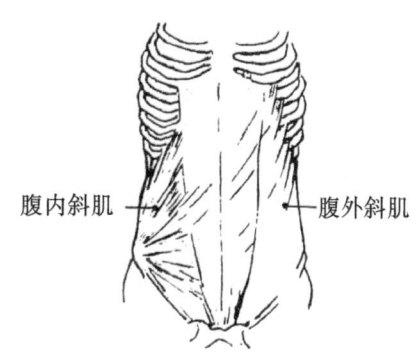

图 2-65 腹直肌　　　　　图 2-66 腹内斜肌、腹外斜肌

（六）腹内斜肌

位置：位于腹的两侧，被腹外斜肌所覆盖。

起止：起于腰背筋膜、髂嵴中间线及腹股沟韧带外侧的半段，呈放射状向前上方走行，止于 10 肋至 12 肋的下缘。

腹内斜肌与腹外斜肌示意图如图 2-66 所示。胸大肌、胸小肌、腹外斜肌、腹直肌于一体的示意图如图 2-67 所示。躯干肌（前面）整体示意图如图 2-68 所示。

二、背部肌肉

躯干背部肌肉示意图如图 2-69 所示。

（一）斜方肌

斜方肌是位于上背及中背的表层肌肉，根据其肌纤维走向可分成上、中、下 3 个部分。起止：起于枕外隆突、上颈线、颈韧带、第七节颈椎至第十二节胸椎的棘突；上束纤维止于锁骨外侧 1/3 及肩峰处，中下束纤维止于肩胛棘上唇及尖端。

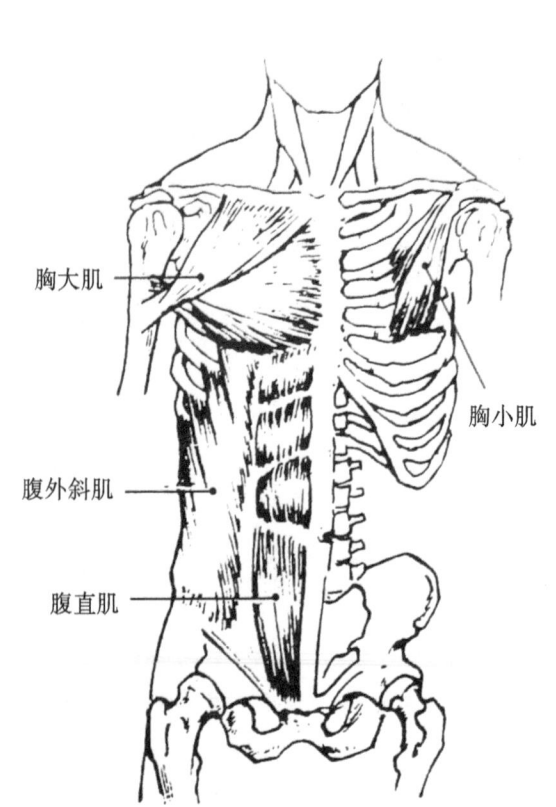

胸大肌

胸小肌

腹外斜肌

腹直肌

图 2-67 躯干肌（前面）部分肌肉示意图

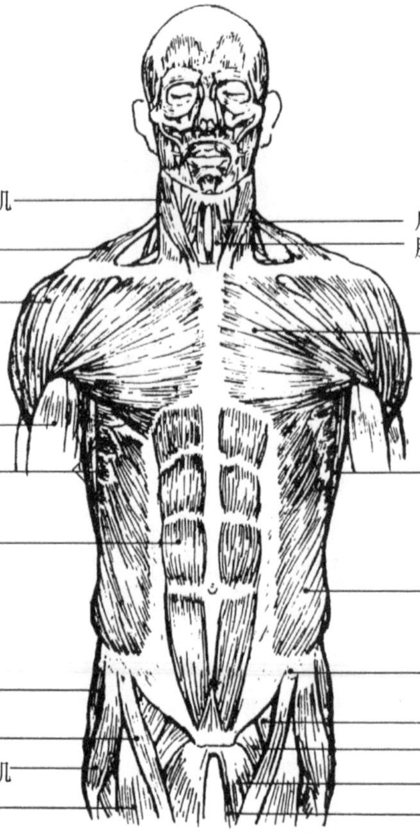

胸锁乳突肌
斜方肌
三角肌
肱二头肌
前锯肌
腹直肌
臀中肌
缝匠肌
阔筋膜张肌
股直肌

肩胛舌骨肌
胸骨舌骨肌
胸大肌
背阔肌
腹外斜肌
髂前上棘
髂腰肌
耻骨肌
长收肌
股薄肌

图 2-68 躯干肌（前面）整体示意图

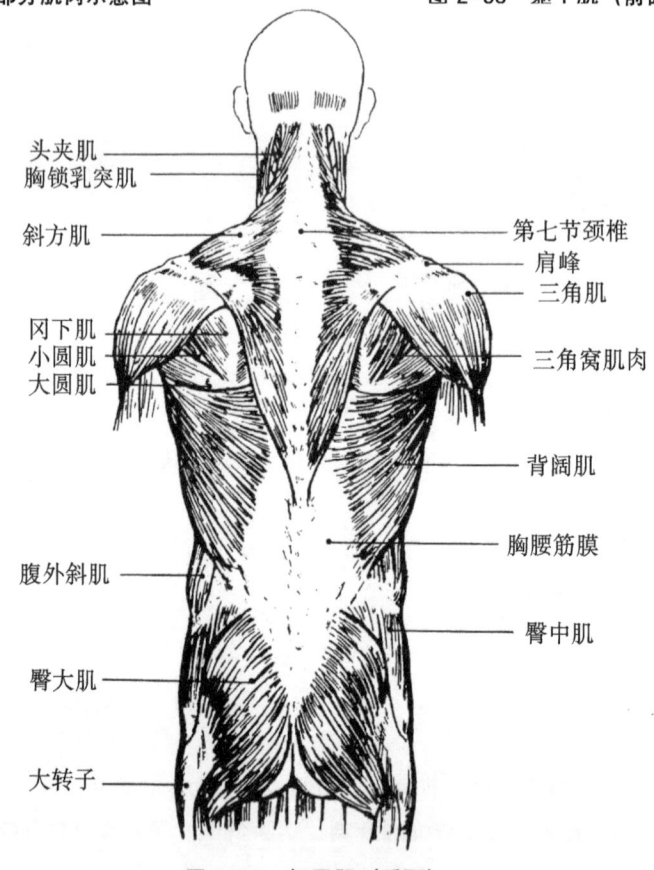

头夹肌
胸锁乳突肌
斜方肌
冈下肌
小圆肌
大圆肌
腹外斜肌
臀大肌
大转子

第七节颈椎
肩峰
三角肌
三角窝肌肉
背阔肌
胸腰筋膜
臀中肌

图 2-69 躯干肌（后面）

（二）背阔肌

背阔肌位于斜方肌以下，呈三角形围在腰以上部位，中间被斜方肌覆盖。起止：起于下 6 节胸椎和全部腰椎的棘突、骶中嵴、髂嵴外唇后 1/3 等处，肌纤维向外上方走行，盖住肩胛骨下方，止于肱骨小结节嵴。

（三）骶棘肌（在背部肌肉的深层）

骶棘肌在脊柱两侧，紧贴、附着于脊柱，填充着各脊椎体间的间隙，骶棘肌在背部肌肉的深层。

起止：起于骶骨背面、脊柱的棘突、髂嵴后部，向上走行，至腰部移行于肌质部分，一部分止于脊柱各棘突，一部分止于脊柱各横突，还有一部分止于各肋骨的背侧，直达头骨下部。

斜方肌、背阔肌、骶棘肌如图 2-70 所示。背肌深层示意图如图 2-71 所示。

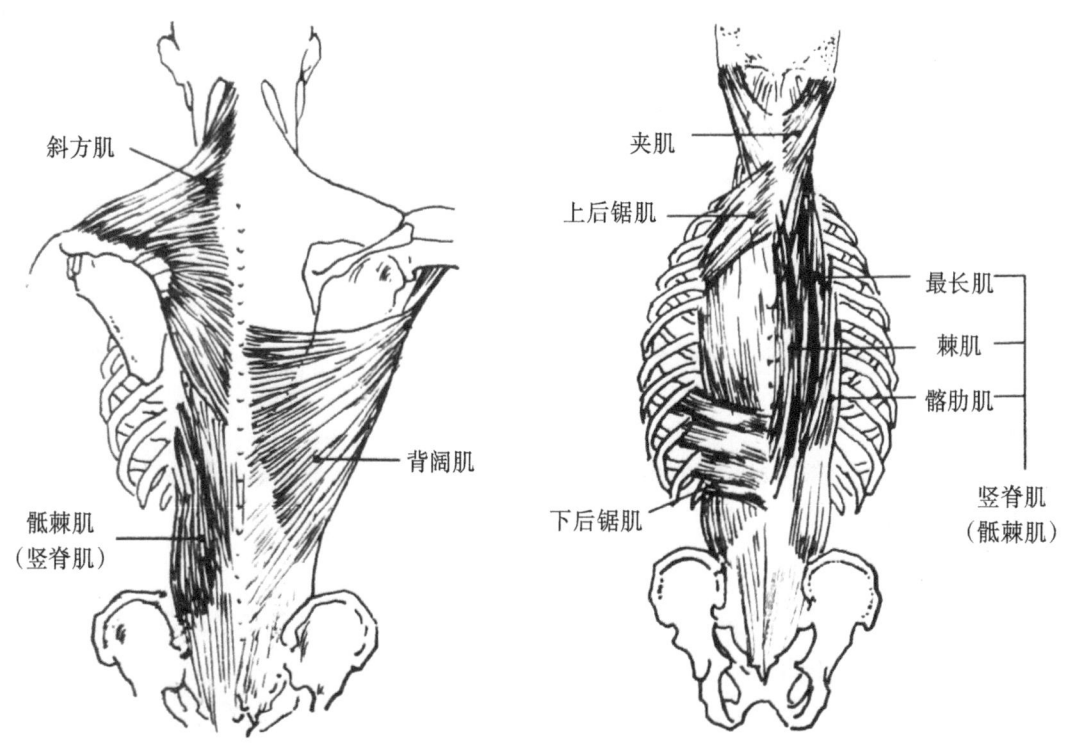

图 2-70　斜方肌、背阔肌和骶棘肌　　　　　图 2-71　背肌深层示意图

（四）三角窝肌肉

位置：位于斜方肌、背阔肌与三角肌之间，在肩胛骨的表面形成一个三角形，该部位在背部肌肉的深层，上肢的活动常常带动三角窝肌肉，使之起伏很大，形成凹凸不平的体块结构。

起止：肩胛冈以上为冈上肌，以下依次为冈下肌、小圆肌、大圆肌，显于体表的常常是后 3 块肌肉。

三、颈部肌肉

（一）胸锁乳突肌

位置：在颈前部两侧，是一堆强有力的肌肉柱。

起止：有 2 个起点，一头起于胸骨，另一头起于锁骨；两肌束向外上走行，在颈下 1/3 处回合，止于乳突及上颈线外侧。胸锁乳突肌示意图如图 2-72 所示。

（二）颈阔肌

颈阔肌（见图 2-73）位于颈部浅筋膜中，为薄薄的皮肌，较宽阔，自口角、下颌延至胸大肌和三角肌表面的深筋膜。

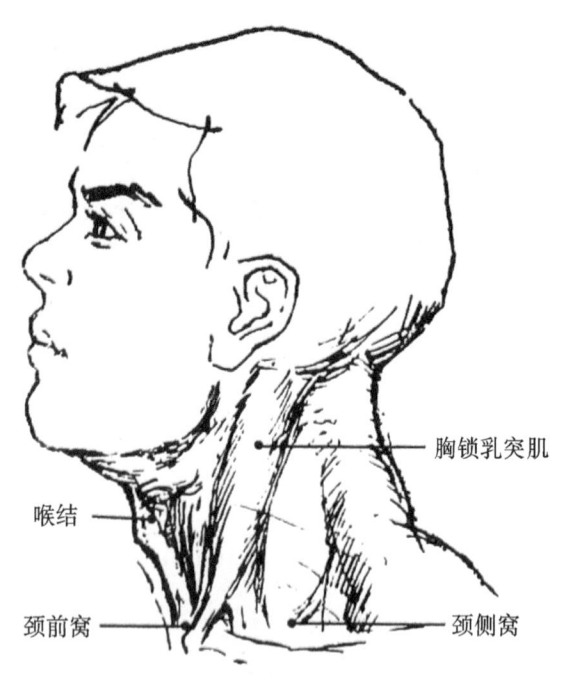

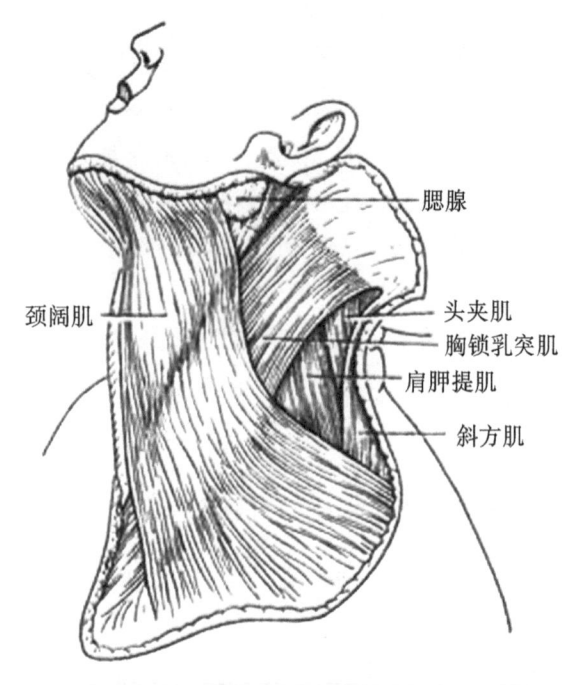

图 2-72　胸锁乳突肌示意图　　　　　　　　　　图 2-73　颈阔肌

四、臀部肌肉

臀部肌肉主要为臀大肌、臀中肌和阔筋膜张肌。臀大肌在臀部下侧，臀中肌在臀部上侧、身体侧面，阔筋膜张肌位于大腿上部前外侧。

五、躯干形体结构

正面躯干形体：胸为 2 个五边形板状胸大肌，胸廓为卵圆形，可见上拱的肋弓和两侧的弧线，中间为胸骨，下为腹直肌直至耻骨，两侧为腹外斜肌。

背面躯干形体：由斜方肌、背阔肌和腰臀组成简约背部形体，如图 2-74、图 2-75 所示。

侧面躯干形体：可见倾斜的两大体块——胸腔和骨盆，以及弯曲的背部曲线。

六、绘制躯干形体时的注意事项

（1）胸廓的背面呈折扇的形状。

（2）锁骨和肩胛骨在胸廓的上方形成了一个环，标志着胸廓的顶面和侧面的区隔。

（3）锁骨像一张弓，也像一个倒挂的衣架。

（4）盆腔的外形从髋骨本身的上大下小的倒梯形变成了大转子处宽于髂骨的正梯形。

（5）耻骨联合在人体的 1/2 处。

（6）髂前上棘是人体腰部与髋部的分界部分。

（7）前锯肌和腹外斜肌形成相互交叉、相互叠压的锯齿形态。

（8）骶棘肌隆起处，使后背折扇的形态加强，并使腰椎形成深凹。

（9）发达的斜方肌很厚，使肩部向上形成上弧。

（10）背面看臀部肌群就像一只大蝴蝶。

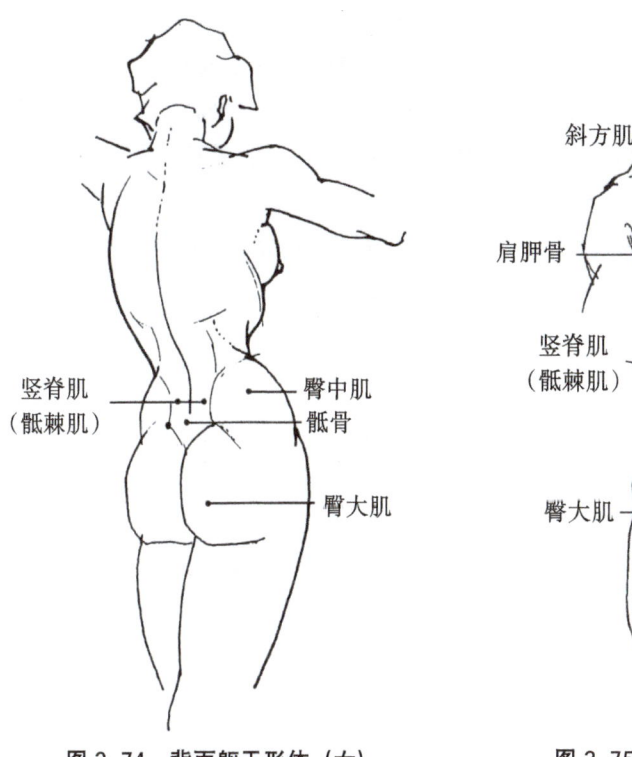

图 2-74 背面躯干形体（女）　　　　　图 2-75 背面躯干形体（男）

2.5

上　肢 ⋘

上肢由肩、上臂、前臂、手 4 个部分组成。肩部有肩胛骨、锁骨；上臂有肱骨；前臂有尺骨、桡骨；手部有腕骨、掌骨、指骨。

2.5.1　上肢比例　　　　　　　　　　　　　　　　　　　　　ONE

整个上肢为 3 个头长，或为 5 个手长（见图 2-76）；上臂为 4/3 个头长，前臂为 1 个头长；手部等于 2/3 个头长。

2.5.2　上肢骨骼　　　　　　　　　　　　　　　　　　　　　TWO

一、肩部骨骼

（1）肩胛骨有肩胛冈、肩峰。肩胛骨是呈三角形的扁骨，位于胸廓的后侧外部，上下高低平齐于 2 肋至 7 肋之间，其内面略凹，外面略凸，以适应胸廓的外形。

（2）锁骨为长骨，位于胸廓的前上方，外形类似于拉长的"S"形，锁骨内侧端粗大部分为胸骨端，同胸骨柄相连接。外侧端为肩峰端，呈扁平状，同肩胛骨的肩峰相连接。锁骨支撑肩胛骨，使肩关节与胸廓保持一定距离，使上肢运动更灵活。

二、上臂骨骼

肱骨是上肢最长、最粗壮的骨骼，上端有内侧的半球形的肱骨头与肩胛骨关节盂相关构成肩关节。肱骨头外侧有大、小结节。肱骨体上端为圆柱形，中段为三棱柱形，下段变扁。

三、前臂骨骼

（1）尺骨上粗下细，上端有一个呈张开鸟嘴状的结构，叫鹰嘴，下端叫冠突。在冠突的外侧有一个凹陷的关节面，叫桡切迹。此与环形桡骨头相连，为桡尺近侧关节，使前臂旋转。尺骨体为三棱柱形，下端为尺骨头，内后侧有尺骨茎突。

（2）桡骨上细下粗，上端较小，呈圆盘状。桡骨是前臂主管旋转的骨骼，它能随着肘部的屈曲上下移动。

上肢骨骼的显露点如图2-77所示。上肢骨骼示意图如图2-78所示。

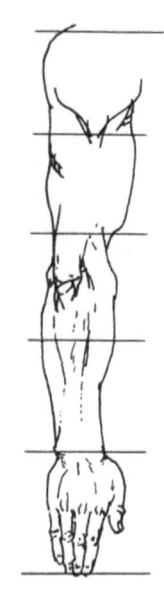

图2-76 上肢的长度 = 5个手长

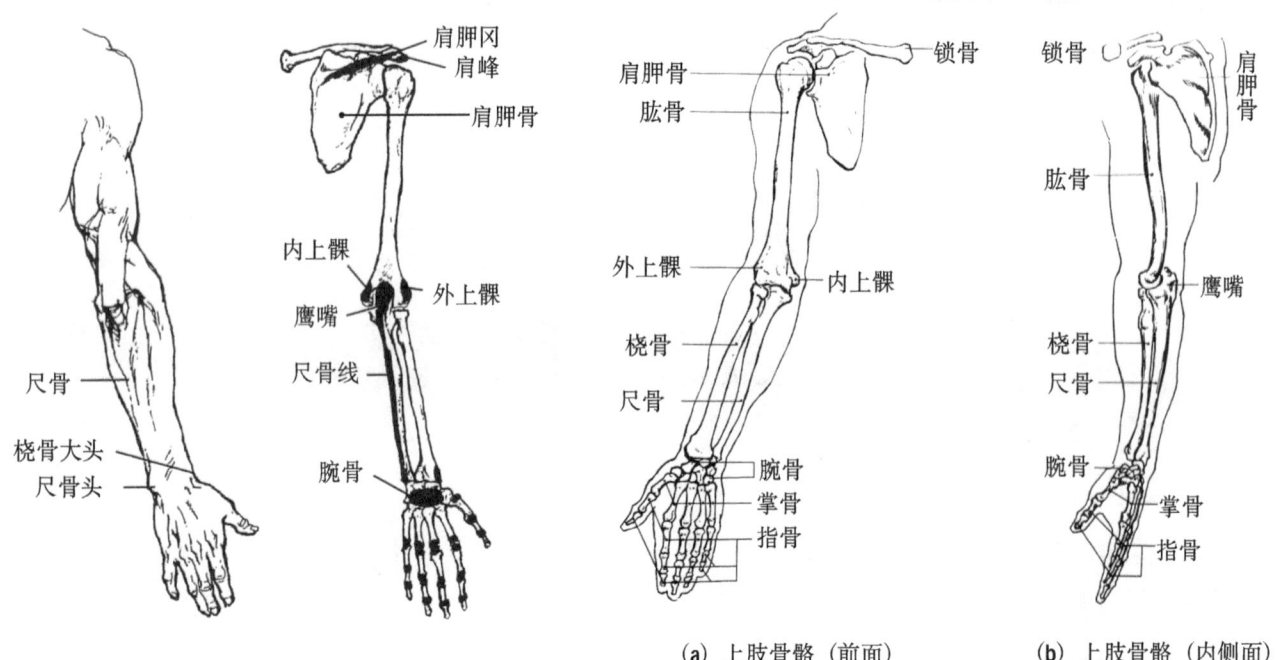

图2-77 上肢骨骼的显露点

（a）上肢骨骼（前面）　（b）上肢骨骼（内侧面）

图2-78 上肢骨骼示意图

（3）前臂旋后和旋前：手掌向上或向下的动作为旋后或旋前。当肘关节不动时，由于尺骨和桡骨的结构特殊，使它在肘关节可做缠绕前臂动作，这个动作表现为手的翻转上。

四、手部骨骼

（1）腕骨共8块，多是不规则的多面体小骨，之间由韧带连接。腕骨大致分2排：上排是手舟骨、月骨、三角骨、豌豆骨；下排是角骨、小多角骨、头状骨和钩骨。上排与桡骨相接，下排与掌骨相接。

（2）每只手有5根掌骨，除拇指掌骨是另一方向外，其他掌骨都在一个平面上。掌骨下端呈球状，与指骨相连接，因此手的中部最为厚重。

（3）除拇指由2节指骨组成之外，其他4个手指都由3节指骨组成。每节指骨都为管状小长骨，并分为远节、中节和近节。

（4）手骨掌心扁平，背侧隆起。手骨背侧和掌侧示意图如图 2-79 所示。

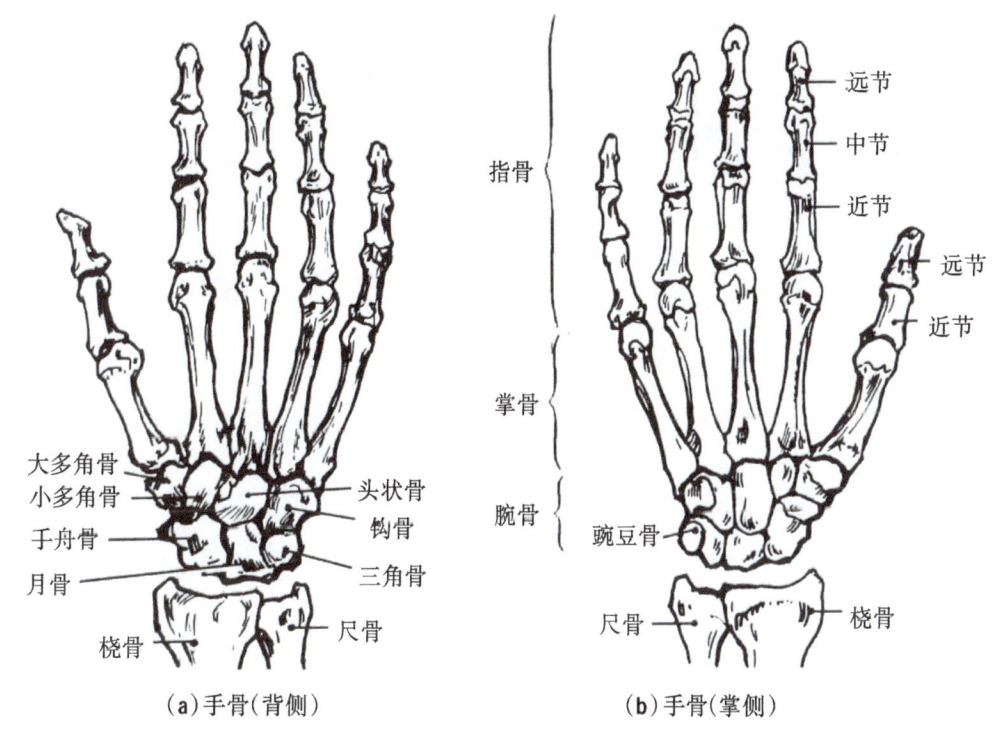

（a）手骨（背侧）　　　　　　　　（b）手骨（掌侧）

图 2-79　手骨示意图

2.5.3　上肢肌　　　　　　　　　THREE

上肢肌是指上肢的肌肉组织，包括上肢带肌、臂肌、前臂肌和手部肌肉。

一、上肢带肌

上肢带肌（见图 2-80）分布于肩关节周围，均起于上肢带骨，止于肱骨，能运动肩关节，并能增强关节的稳固性。

（1）三角肌，位于肩部，呈三角形。起自锁骨的外侧段、肩峰和肩胛冈，肌束从前、外、后包裹肩关节，逐渐向外下方集中，止于肱骨体外侧的三角肌粗隆。肱骨上端由于三角肌的覆盖，使肩部呈圆隆形。三角肌能使上臂外展，前部肌束可使上臂弯屈和旋内，而后部肌束能使上臂伸出和旋外。

（2）冈上肌，位于斜方肌深层，起自肩胛骨的冈上窝，肌束向外经肩峰和喙肩韧带的下方，跨越肩关节，止于肱骨大结节的上部。其作用是使上臂外展。

（3）冈下肌，位于冈下窝内，肌的一部分被三角肌和斜方肌覆盖，起自冈下窝，肌束向外经肩关节后面，止于肱骨大结节的中部。其作用是使上臂旋外。

（4）小圆肌，位于冈下肌的下方，起自肩胛骨外侧缘背面，止于肱骨大结节的下部。其作用是使上臂旋外。

（5）大圆肌，位于小圆肌的下方，其下缘被背阔肌包绕。大圆肌起自肩胛骨下角的背面，肌束向上外方走行，止于肱骨小结节脊。其作用是使上臂内收和旋内。

（6）肩胛下肌，位于肩胛下窝内，肌束向上外经肩关节的前方，止于肱骨小结节。其作用是使上臂内收和旋内。

二、臂肌

臂肌（见图 2-81）覆盖肱骨，以内侧和外侧两个肌间隔分隔。前群为屈肌，后群为伸肌。

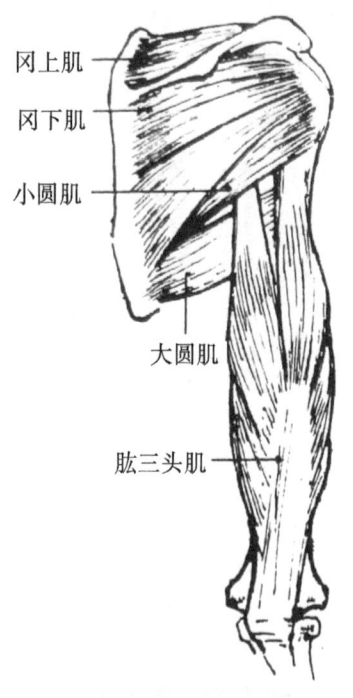

图 2-80　上肢带肌（后面）

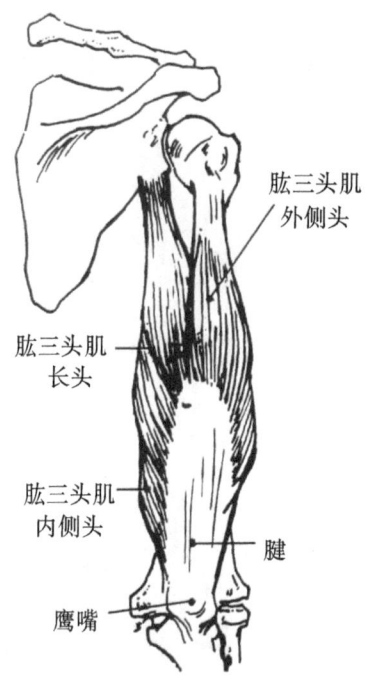

图 2-81　臂肌（后面）

（一）前群

前群包括浅层的肱二头肌，以及深层的肱肌和喙肱肌。

（1）肱二头肌，位于上臂正面的内侧，是人们最熟悉的肌肉。它的作用是屈上臂和前臂旋后。

（2）喙肱肌，在肱二头肌短头的后内方，起自肩胛骨喙突，止于肱骨中部的内侧骨面。它的作用是协助上臂前屈和内收。

（3）肱肌，位于肱二头肌下半部分的深层，起自肱骨下半部分的前面，止于尺骨粗隆。它的作用是屈肘关节。

（二）后群

肱三头肌，起端有 3 个头，长头以长腱起自肩胛骨盂下结节，向下行经大圆肌、小圆肌之间；外侧头起自肱骨后面桡神经沟的外止方的骨面；内侧头起自桡神经沟以下的骨面。向下 3 个头会合以 1 个坚韧的腱止于尺骨鹰嘴。作用：伸肘关节，长头可使上臂后伸和内收。

三、前臂肌

前臂肌是人体最复杂的部分。前臂肌位于尺骨、桡骨的周围，大多数是长肌，跨过多个关节运动前臂和手，肌腹位于近侧，细长的腱位于远侧，所以前臂的上半部膨隆，而下半部逐渐变细。它能作用于手的各种动作，还可以让前臂做出旋前或旋后的动作。前臂肌根据其功能作用，可分为屈肌群和伸肌群。

前臂肌屈肌群位于前臂的前面和内侧面，分 4 层排列，共有 9 块肌：肱桡肌、旋前圆肌、桡侧腕屈肌、掌长肌、尺侧腕屈肌、浅屈肌、拇长屈肌、指深屈肌、旋前方肌。

前臂肌伸肌群分为 2 层排列，共有 10 块肌：桡侧腕长伸肌、桡侧腕短伸肌、指伸肌、小指伸肌、尺侧腕伸肌、旋后肌、拇长展肌、拇短伸肌、拇长伸肌、示指伸肌。

前臂肌示意图如图 2-82、图 2-83、图 2-84 所示。

四、手部肌肉

手部肌肉分两个部分，即手掌和手指。手掌为六角形。手指可分开或聚拢，也可握拳，手指分开时呈放射状。手臂外面主要是受骨骼及前臂的肌腱支配。手指间以手的短肌为动力，这些肌肉分布在掌侧和五指的掌股之间。

手部肌肉示意图（背侧）如图 2-85 所示。

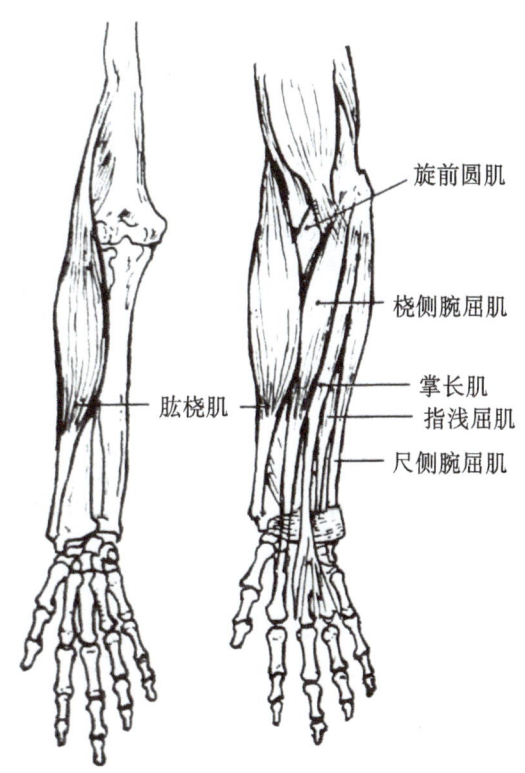

旋前圆肌

桡侧腕屈肌

掌长肌

指浅屈肌

尺侧腕屈肌

肱桡肌

图 2-82　前臂肌示意图 1（前面）

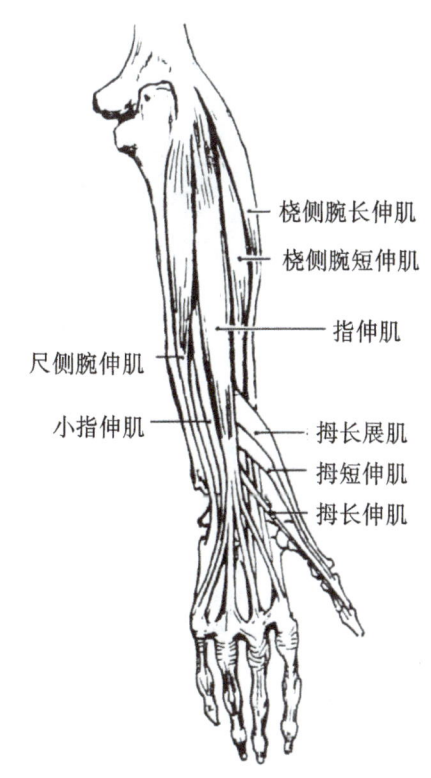

桡侧腕长伸肌

桡侧腕短伸肌

指伸肌

尺侧腕伸肌

小指伸肌

拇长展肌

拇短伸肌

拇长伸肌

图 2-83　前臂肌示意图 2（后面）

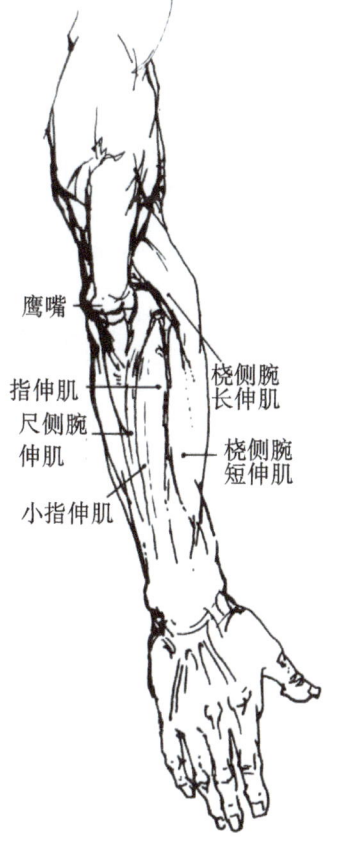

鹰嘴

指伸肌

尺侧腕伸肌

小指伸肌

桡侧腕长伸肌

桡侧腕短伸肌

图 2-84　前臂肌示意图 3（后面）

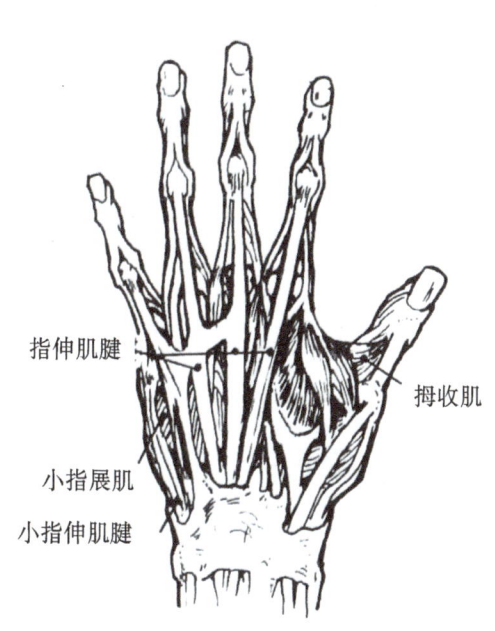

指伸肌腱

小指展肌

小指伸肌腱

拇收肌

图 2-85　手部肌肉示意图（背侧）

2.6

下　肢 ‹‹‹‹

2.6.1　下肢骨骼　　　　　　　　　　　　　　　　　　　　　　ONE

　　下肢由臀部、腿部、足部组成。臀部的骨架是由髋骨和骶骨组成的骨盆。腿部有股骨、髌骨、腓骨和胫骨。足部有跗骨、跖骨和趾骨。下肢骨骼示意图如图 2-86、图 2-87、图 2-88 所示。

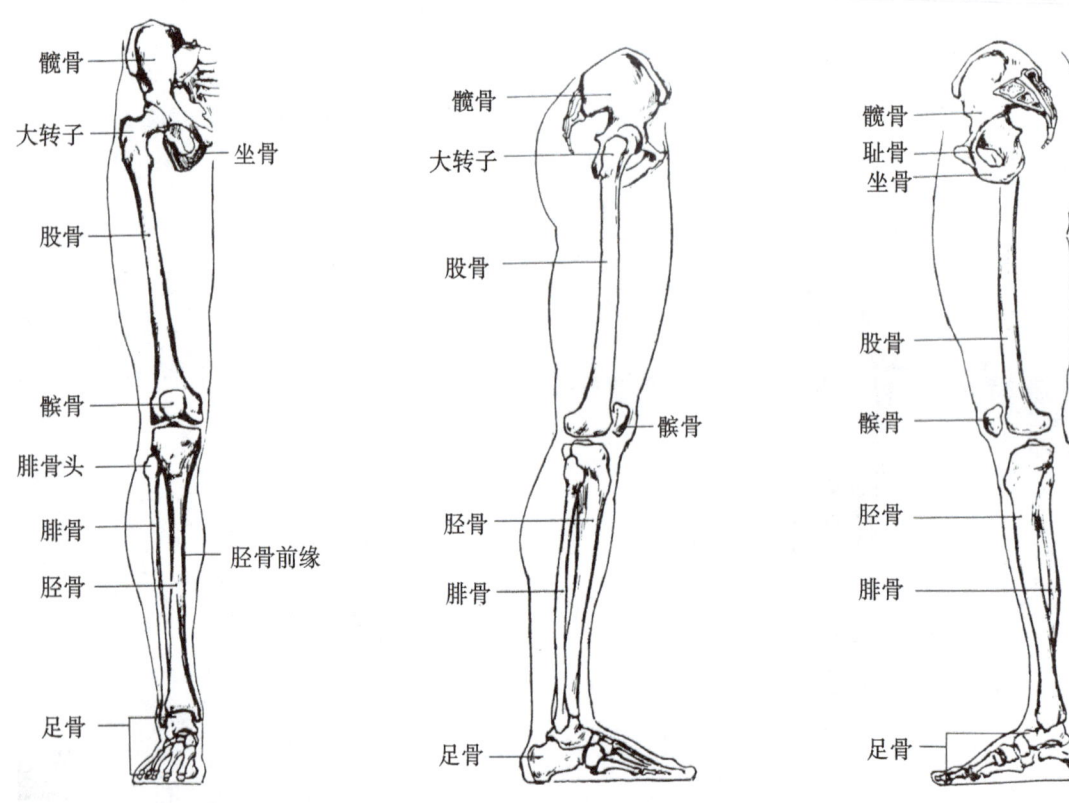

图 2-86　下肢骨骼（正面）　　　图 2-87　下肢骨骼（外侧面）　　　图 2-88　下肢骨骼（内侧面）

一、臀部骨骼

　　骨盆在人体结构中占有十分重要的位置。骨盆位于躯干和腿部的连接处，起着协调两者运动的作用，保持着身体的平衡。骨盆由髋骨、骶骨、尾骨组成。

　　男女骨盆与肩宽的比例如图 2-89 所示。男女骨盆耻骨下角的比较如图 2-90 所示。

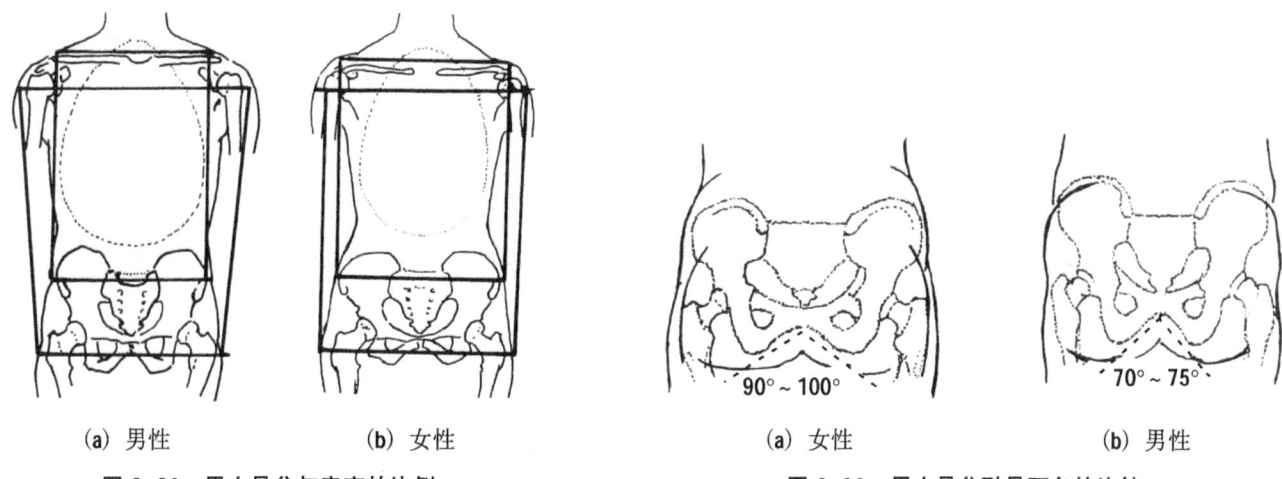

（a）男性　　　　　（b）女性

图 2-89　男女骨盆与肩宽的比例

（a）女性　　　　　（b）男性

图 2-90　男女骨盆耻骨下角的比较

二、大腿骨骼

大腿骨骼是人体最长、最强壮的骨骼，它的长度约占身长的 1/4。股骨略微向前弯曲，因而大腿侧面呈"弓"字形。

三、膝盖骨

膝盖骨呈三角形。上部为髌底，较宽厚；下部是髌尖，稍薄而尖，其外形似贝壳。膝盖骨主要起到保护膝关节的作用，同时起到杠杆的作用。它对膝关节的外形影响很大。

四、小腿骨骼

小腿骨骼由胫骨和腓骨组成。胫骨位于内侧，较粗壮；腓骨位于外侧，较纤细。

五、足部骨骼

足部骨骼（见图 2-91）由跗骨、跖骨和趾骨组成。跗骨位于足部的后半部分。跖骨位于足中部，呈短管状，在足背外形可见。

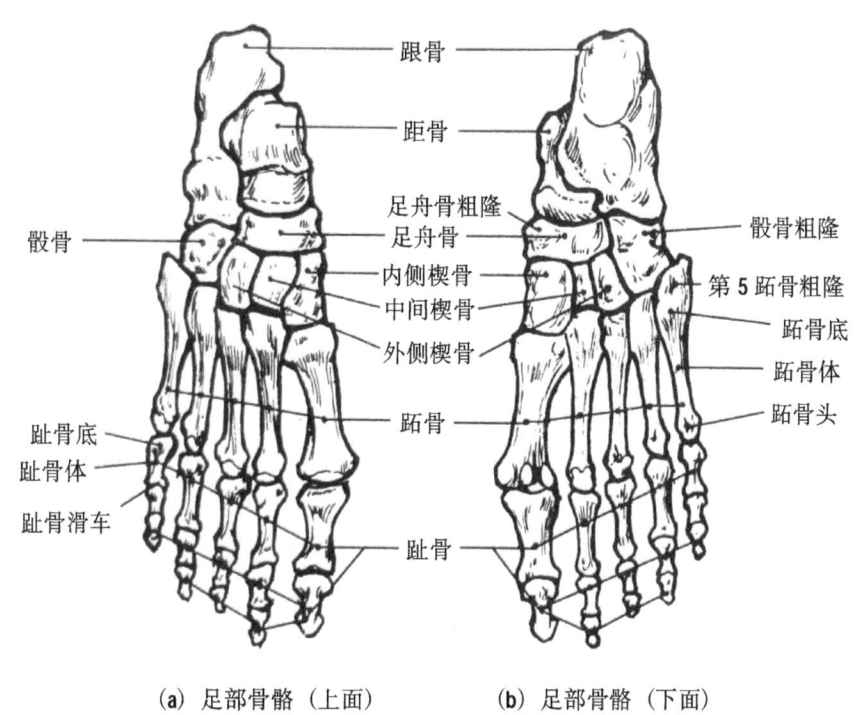

（a）足部骨骼（上面）　　　（b）足部骨骼（下面）

图 2-91　足部骨骼

2.6.2 下肢肌肉 TWO

臀部肌肉（见图 2-92）由臀大肌、臀中肌、阔筋膜张肌组成。

大腿肌肉由前侧肌肉、内侧肌肉、背侧肌肉等组成。大腿肌肉示意图如图 2-93 所示。

小腿肌肉由胫骨前肌、腓骨长肌、腓骨短肌、趾长伸肌、腓肠肌、比目鱼肌等组成。小腿肌肉示意图如图 2-94 所示。

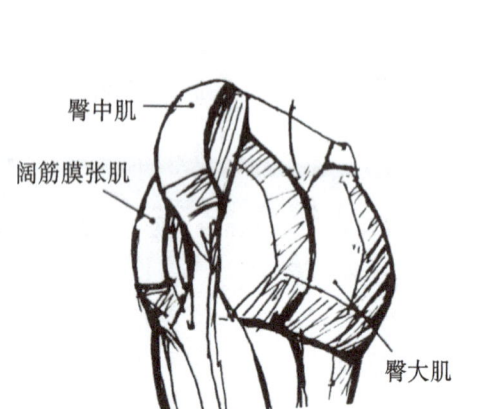

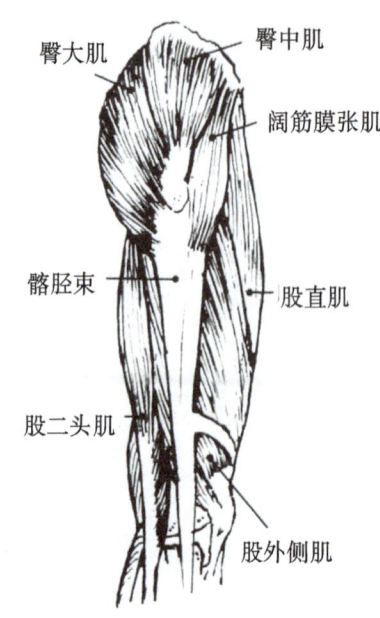

（a）大腿肌肉（外侧）

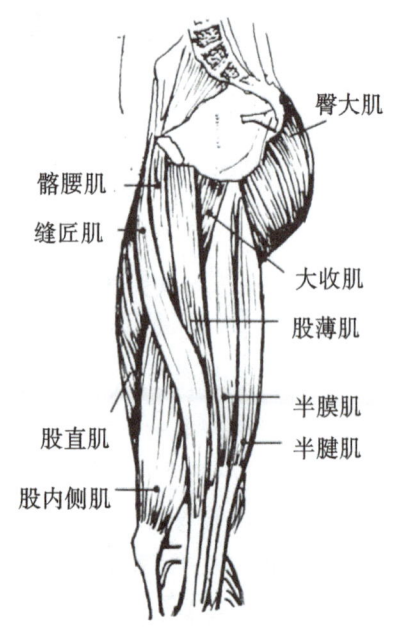

（b）大腿肌肉（内侧）

图 2-92　臀部肌肉　　　　　　　　　　图 2-93　大腿肌肉

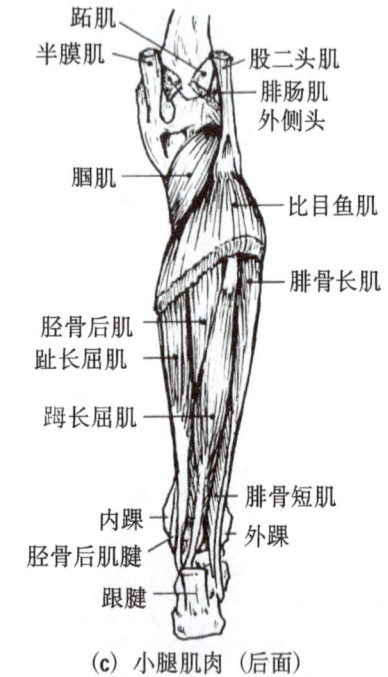

（a）小腿肌肉（前面）　　　　　（b）小腿肌肉（外侧）　　　　　（c）小腿肌肉（后面）

图 2-94　小腿肌肉

第3章
色彩在人物形象设计中的应用....

RENWU
XINGXIANG
SHEJI
HUIHUAPIAN ◀◀◀◀

◀◀◀◀◀

色彩在设计中有着举足轻重的作用，设计师通过色彩表现其设计理念。对于设计来讲，色彩是作品反映生活的写照。人的情感可以用色彩表现，人对事物的看法也可以用色彩来表现，等等。任何一种色彩或色彩组合都会透过视知觉在大众的心里激发出某种情感。人物形象设计作为一个不可或缺的综合学科，发展至今，正在不断创新，悄悄地影响着我们的生活。大到政界领导、明星，小到工作人员、平民百姓，都祈盼自身个人良好形象得以展示。可以说色彩在人物形象设计应用中无处不在。色彩是富有鲜明时代感的产物，不同的时期有着不同的色彩主流。色彩专家以其尖锐的洞察力收集消费市场的"新色彩"，将其加工、提炼、归为己用，最后发展为当前流行色。不同人群适合不同的色彩，因此针对具体的人物形象应做出相应的人物色彩搭配。

3.1

同类色配色 《《《

同类色配色是指运用同一色系（孟赛尔色相环上 15° 之内的颜色）色彩相配置。

无论是红色系、黄色系还是蓝色系，同色系列相配置的方法很容易达到协调的色彩感觉，同时注意色彩的明度和层次要处理得当，否则色彩搭配会显得呆板。孟赛尔色相环如图 3-1 所示。同类色配色案例如图 3-2、图 3-3 所示。

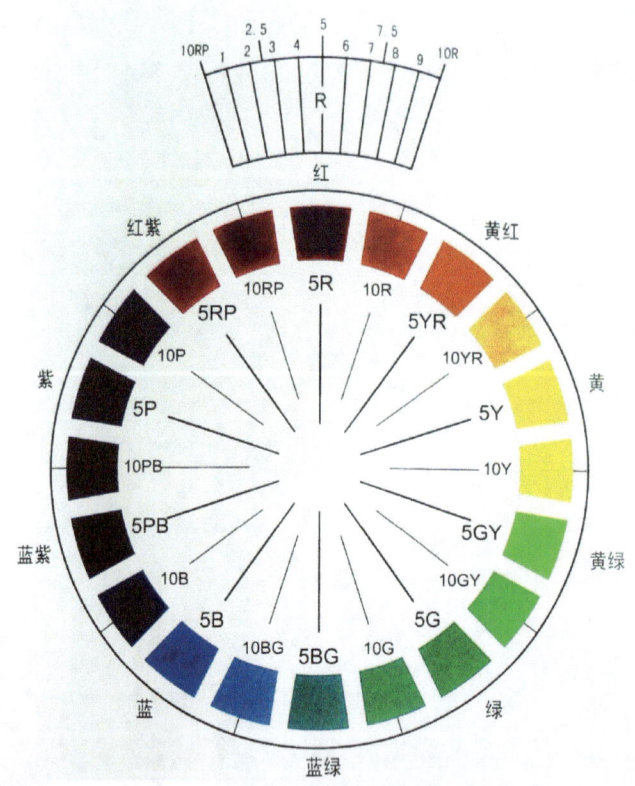

图 3-1　孟赛尔色相环

图 3-2　同类色配色案例 1

图 3-3　同类色配色案例 2

3.2

邻近色配色 ≪≪

　　邻近色配色是指运用处于孟赛尔色相环 90° 之内的颜色相配置。

　　如红色与橙色、蓝色与绿色等。邻近色的配色方法较容易构成和谐色，且赋予色彩变化的感觉。色彩间的搭配应注意纯度和明度的主次关系、虚实关系，这样搭配出来的颜色才有层次感。邻近色配色案例如图 3-4、图 3-5 所示。

图 3-4　邻近色配色案例 1

图 3-5　邻近色配色案例 2

3.3

对比色配色 《《《

　　对比色是指在伊顿色相环（见图3-6）上两极相对的颜色，例如红色对绿色、黄色对紫色等。对比色的配色方法不宜被大众所掌握，因为处理不当会显得非常刺眼，带来感官上的不适。在对比色配置时应注意其在纯度和明度上的对比，以及其在色相和面积上的对比。配置对比色的规律是：大面积的颜色，它的纯度和明度应相对弱一些；小面积的颜色，其纯度和明度应相对强一些。对比色配置案例如图3-7所示。

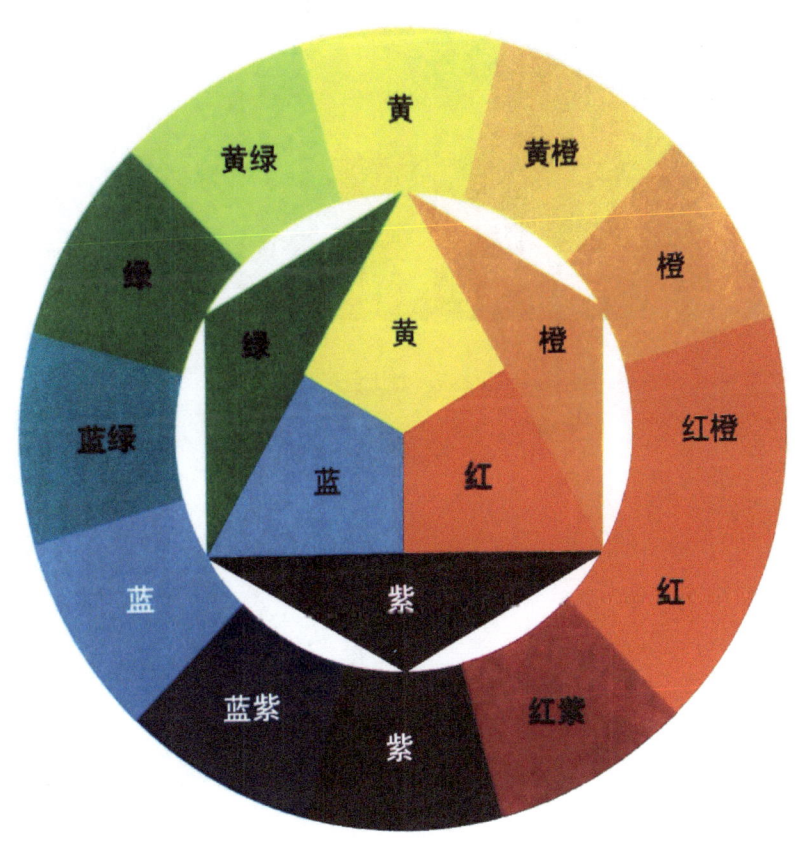

图3-6　伊顿色相环

图 3-7　对比色配置案例

第4章
人物形象设计表现技法·········

RENWU
XINGXIANG
SHEJI
—HUIHUAPIAN ◀ ◀ ◀

　　对一名人物设计师而言，进行形象设计时必须将其设计思路外在体现出来，这是设计方案进行的重要依据。无论采用何种表现技法，必须要准确而真实地再现设计者的设计构思，将其表现形式与展现内容完美结合。形象设计表现比形象设计更具特点，更能反映形象设计的特征，更具人物本身鲜活的生命力。在进行人物形象设计时，适当地取舍，捕捉特征，把握精髓，概括提炼，准确再现。

　　人物形象设计表现以绘画形式作为手段。绘画艺术源于生活，却高于生活。人物形象设计的表现内容要以现实的人和服饰作为依据，又要比现实的人和服饰更具美感，此时夸张表现、突出审美就起到了重要的作用。

4.1

薄 画 法 ◀◀◀

　　薄画法指运用水彩颜料的特质表现人物形象造型的方法。由于水彩色晶莹剔透，所以适合表现一些半透明和透明的效果。此外，水彩上色操作简易，因此适用于大面积渲染。注意水在颜料中的用量会影响画面的整体表现，水分过多或过少，都会影响画面的效果。薄画法的应用案例如图 4-1 所示。

图 4-1　薄画法的应用案例

4.1.1 写意法 ONE

　　所谓写意法，指借用中国画中的大写意用笔和着色的技法。工具一般选用大号水彩笔或大白云毛笔，笔蘸色和水分要饱和一些，大笔一挥，笔触漂亮，适当地留有空白，构成虚实、浓淡、有层次的艺术效果。写意法的应用案例如图 4-2 所示。

图 4-2 写意法的应用案例

4.1.2 淡彩画法

所谓淡彩画法，是利用水迹处理或空白处理等，使画面呈现出一种新颖别致的艺术效果的方法。淡彩画法的应用案例如图 4-3 所示。

（a）

（b）

图 4-3　淡彩画法的应用案例

（c）

（d）

（e）

（f）

续图 4-3

4.2

厚 画 法 《《《

　　所谓厚画法，就是水粉画法，运用水粉色的特质设计构思的绘画方法。水粉的颜色较之水彩的颜色具有更强的覆盖力和厚重感，由于水粉色的覆盖力相对较强，所以具有修改性，对初学者来讲更易掌握，可反复修改画面。厚画法的应用案例如图4-4所示。

（a）

图4-4　厚画法的应用案例

（b）

（c）

（d）

（e）

续图 4-4

(f)

续图 4-4

▰▰▰ 4.3

其他画法 ◀◀◀

4.3.1　彩色铅笔表现技法　　　　　　　　　　　　ONE

　　彩色铅笔有较大的灵活性，利用明度的转换和色彩的变化使画面更加柔和细腻。这种画法，要求绘画者有一定的绘画基础。彩色铅笔与铅笔的素描技法相近，主要是排线上色，上色时注意同时使用的颜色，使之相互交叠，利用多变多色的笔触达到丰富的层次效果。绘画时切忌一支笔画到底，避免色彩过于单调。彩色铅笔的应用案例如图4-5所示。

（a）　　　　　　　　　　　　　　　（b）

图 4-5　彩色铅笔的应用案例

4.3.2　马克笔表现技法　　　　　　　　　　　　TWO

　　马克笔能直接将设计者的构思快速地表现在画面上，简单的笔触清晰地表现出画面的艺术效果。马克笔的应用案例如图 4-6 所示。

图 4-6　马克笔的应用案例

4.3.3 色粉笔表现技法 THREE

色粉笔既有马克笔的笔触效果，同时各色彩之间可相容。色粉笔以胶或树脂与颜料末混合而成，颜色不透明，覆盖力极强，且无需调色，可直接使用。色粉笔的应用案例如图 4-7 所示。

4.3.4 油画棒表现技法 FOUR

油画棒属于油性材料，覆盖力较强，经验相对不足的学生不宜掌握，其缺点是表现力不够细腻。油画棒可以和水粉结合使用，一般先用油画棒上色，再着水粉色。当然，绘制的顺序不同，会产生不同的画面艺术效果。油画棒的应用案例如图 4-8 所示。

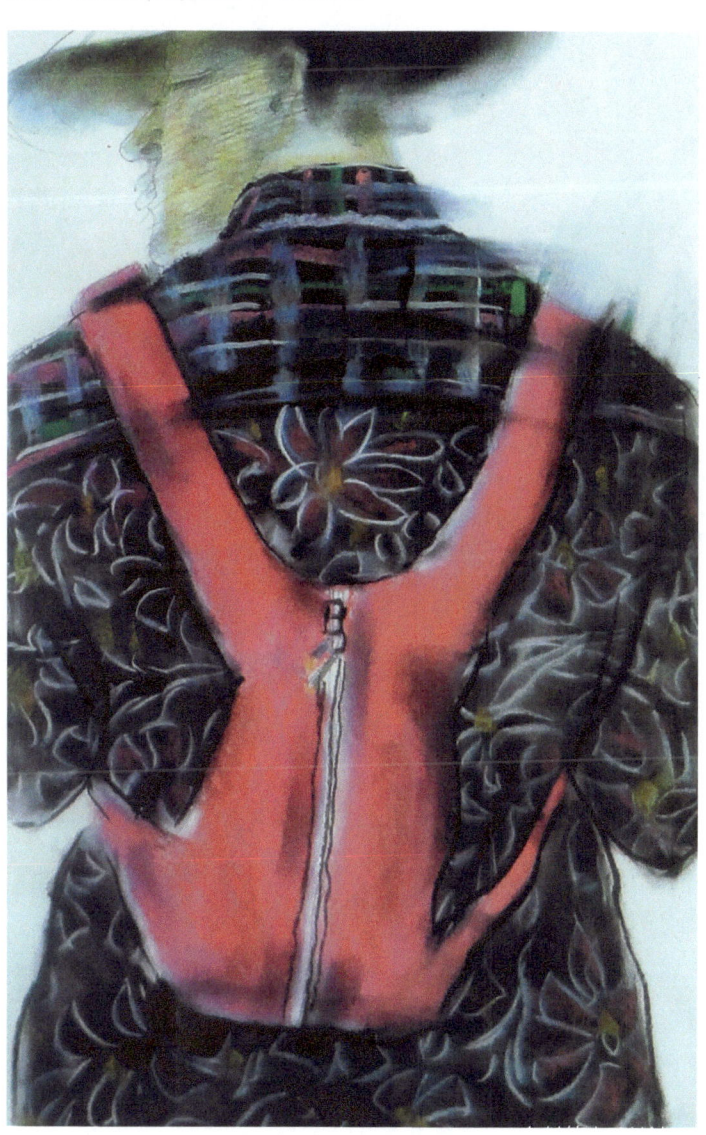

图 4-7 色粉笔的应用案例

图 4-8 油画棒的应用案例